태어난
김 에

물리
공부

태어난 김에

BARRON'S VISUAL LEARNING

한번 보면 결코 잊을 수 없는
필수 물리 개념

물리 공부

커트 베이커
지음

고호관
옮김

윌북

과학은 어디에나 있기에

학교에서 시험 점수를 잘 받기 위한 공부만 하다 보면 도대체 내가 과학이나 수학을 왜 알아야 하나, 하는 생각에 빠질 수 있다. 학교를 졸업한 뒤에는 전혀 쓸모 없을 것 같은 공식을 외우고 빨리 문제를 푸는 일을 반복하다 보면 아무 보람도 없는 일을 하고 있는 것 같아 회의가 들기도 한다. 이런 경험이 쌓이다 보면 수학을 싫어하게 되고 나는 과학 체질이 아니라는 생각을 하게 된다. 그러다 보면 어느 순간 수학이나 과학과는 상관없는 일을 해야겠다고 결심을 하게 된다.

그러나 그런 생각은 취직을 하고 직장 생활을 시작하면서 바로 무너져 내리기 시작한다. 시험 과목으로 나눠놓은 틀 바깥으로 나오면 세상에 과학과 관계없는 일은 없기 때문이다. 과학은 어디에나 있다. 심리학을 공부하고 관련된 일을 하다 보면 뇌와 신경의 구조에 대해 알아야 하고, 역사를 연구하다 보면 결국 어떤 유물이 몇 년 전 것인지 방사성동위원소 측정법으로 따져야 한다.

하다 못해 주식 투자를 한다고 해도, 예를 들어 배터리 회사에서 전해액을 고체로 전환한다고 하면 그 기술이 얼마나 현실성 있는지 따질 줄 알아야 한다. 아파트나 오피스텔에 입주할 때도 고체음은 어떤 특성이 있으며 어떤 식으로 건물에 전달되는지 이해한다면 층간 소음에 더 유리하게 대처할 수 있다. 귀농을 해서 농사를 짓고 살기로 결심했다고 한들, 어떤 종자를 선택하고 무슨 비료를 뿌려야 하는지는 모두 생물학과 화학에 관련된 문제다. 스마트팜 같은 최신 기술로 농사를 짓기로 결심했다면, 정말 과학 없이는 아무것도 할 수 없다.

이런 식으로 오늘날 우리 사회의 모든 일에는 과학이 스며들어 있다. 세상 모든 일이 과학과 함께 움직인다. 특히나 한국처럼 기술 산업이 중심인 나라에서는 경제의 흐름이나 취직 문제까지도 과학과 대단히 깊은 관계를 맺고 있다. 그렇기 때문에 결국 세상을 살다 보면, 학창 시절에 과학을 좋아했건 싫어했건 과학을 알아가며 지낼 수밖에 없다. 당장 먹고사는 데 꼭 필요한 지식이기에 급히 익히고 넘어가다 보니 그게 과학인지 깨닫지 못했을 뿐이다.

이 책은 그렇게 얼렁뚱땅 넘어갔던 과학 뒤에 깔려 있는 기초를 탄탄하게 다져주는 책이다. 어쩌다 보니 이런저런 기술에 관한 일에 빠져들게 되었는데 도대체 그게 어떻게 돌아가는 건지 궁금할 때, 그래서 처음부터 제대로 이해해보고 싶을 때를 위한 책이다. 보고 있으면 마치 다시 태어나는 것 같은 느낌이 든다. 교과서에 담겨 있는 정보, 학교에서 가르쳐주는 과학의 기초가 차근차근 쌓여 있어 튼실한 기반을 다져준다. "그게 그 이야기였구나"라고 깨우치는 즐거움이 가득해서 부담 없이 둘러볼 수 있다.

무엇보다 그냥 보고 있기만 해도 기분 좋은 산뜻하고 명쾌한 그림으로 과학의 기초 지식과 원리를 설명해준다는 점이 큰 장점이다. 그냥 심심풀이 삼아 아무 페이지나 펼쳐 이리저리 연결된 그림을 구경하면서 시간을 보내기만 해도 머릿속 지식의 빈 공간이 채워지는 기분이 든다. 그러다 보면 지식이 그림으로 마음에 남기에 단지 과학 지식을 아는 것을 넘어서서, 그 지식이 어떤 느낌인지를 깨닫게 된다. 그런 과정에서, '에너지' '전자' '알칼리성'처럼 평소에 자주 쓰지만 무슨 뜻인지 정확히 몰랐던 개념을 깨닫게 되면 그렇게 짜릿할 수가 없다.

곽재식(SF 작가, 환경안전공학과 교수)

서문	8
1 힘	**10**
힘이란 무엇일까?	11
접촉력	12
비접촉력	16
뉴턴의 법칙	24
✓ 다시 보기	26
2 직선운동	**28**
입자의 위치	29
입자의 운동	30
운동 그래프	32
등가속도 운동	36
✓ 다시 보기	38
3 회전운동	**40**
회전운동의 사례	41
원운동	42
궤도운동	44
회전운동과 동역학	47
✓ 다시 보기	50
4 보존 법칙	**52**
보존 법칙의 종류	53
닫힌계	54
충돌	56
✓ 다시 보기	62
5 전기	**64**
전하와 전기의 이동	65
전류와 전압, 저항	66
전기 회로	70
✓ 다시 보기	76
6 장과 힘	**78**
장과 장의 영향	79
중력장	80
자기장과 전기장	82
✓ 다시 보기	86
7 전자기학	**88**
페러데이의 유도법칙	89
전자기 유도	90
에너지의 손실과 전달	92
전자기 복사와 스펙트럼	94
전자기 스펙트럼	96
✓ 다시 보기	98
8 파동	**100**
진폭과 진동수, 주기	101
단순 조화 진동	102
진행파	106
파동의 성질	108
간섭과 정상파	111
도플러 효과	113
✓ 다시 보기	114

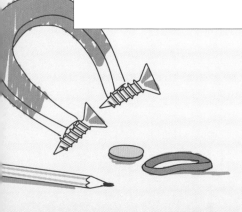

9 광학   **116**

반사의 법칙   117

굴절과 스넬의 법칙, 내부 전반사   118

광학을 이용한 과학   120

빛의 특성   122

간섭과 간섭 측정   125

✓ 다시 보기   128

10 열역학   **130**

온도   131

열에너지 이동   132

열역학 법칙   136

✓ 다시 보기   142

11 유체   **144**

밀도와 압력   145

압력의 차이와 양력, 부력   146

유체의 흐름과 베르누이의 원리   148

✓ 다시 보기   150

12 현대물리학   **152**

특수상대성이론   153

일반상대성이론   154

핵물리학   156

핵반응   158

양자역학   160

표준 모형   162

반도체   164

✓ 다시 보기   166

13 천체물리학   **168**

별의 진화   169

헤르츠스프룽-러셀 도표   172

역동적인 은하   174

적색이동과 후퇴 속도   176

허블 상수   178

우주의 시작   180

우주의 종말   182

중력렌즈와 중력파   184

블랙홀   186

✓ 다시 보기   188

물리학은 우리 주위의 모든 것을 정의하고 근거를 제공하는 통합 과학입니다.

어디서나 명확한 물리법칙은 우리가 사는 세상과 원자로 이루어진 작은 세상, 그리고 우주라는 거대한 세상이 움직이는 원리를 설명해줍니다.

외부의 힘에 의한 물체의 움직임을 이해할 수 있는 길을 열어준 건 영국의 수학자이자 물리학자인 **아이작 뉴턴**Isaac Newton(1642~1727)입니다. 뉴턴은 복잡한 물리적 관계를 표현할 수 있는 공식으로 물리학과 수학의 간격을 좁혀주었습니다. 또 중력의 비밀을 벗기고 고전역학의 시대를 열었으며 빛과 양자물리학, 상대성, 우주론으로 향하는 길을 밝혔습니다. 이런 수수께끼 같은 개념은 수 세기가 지난 19~20세기에 들어서서야 **알베르트 아인슈타인**과 **막스 플랑크**, **닐스 보어**와 같은 뛰어난 과학자의 연구를 통해 비로소 명확해졌습니다.

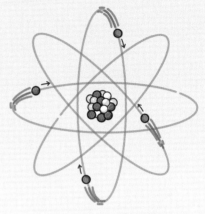

원자의 중심부에 숨겨져 있던 비밀은 1909년 **어니스트 러더퍼드**가 처음 밝혀냈다.

인간이 우주를 조금씩 더 이해하게 된 건 거인의 어깨 위에 올라선 덕분입니다. 새로운 발견을 할 때마다 인류는 놀라운 아이디어로 가득한 세상을 향해 다가갈 수 있었습니다. 그리고 달 착륙, 원거리 통신, 지상과 우주에 망원경을 설치하는 일이 가능해지면서 우리는 더 먼 우주를 탐사하며 지식의 경계를 한 차원 더 넓힐 수 있게 되었습니다. 21세기에 입자물리학에서 이루어진 발견 덕분에 양자역학이라는 퍼즐을 맞추고, 이론적으로 예측되는 기이한 입자의 존재를 확인할 수 있었습니다. 과학이 발전하는 속도가 기하급수적으로 빨라지면서 매년 새로운 발견이 이루어졌지요.

위대한 물리학자 모두를 하나로 묶어주는 공통적인 특징은 호기심입니다. "어떻게 된 거지?"는 과학계를 관통하는 질문입니다. 그리고 더 많은

사실을 알게 될수록 더 많은 질문이 떠오르지요. 만약 여러분도 이런 호기심을 갖고 있다면, 『태어난 김에 물리 공부』가 기본적인 법칙과 개념을 이해하는 데 도움을 주는 귀중한 안내서가 될 것입니다. 이런 개념은 복잡한 것이 많아 자세한 그림과 도표를 곁들여 명확하고 핵심적인 글로 나타낸 시각적 학습 방식이 효율적입니다. 이 책은 물리학 수업에서 가르치는 주제를 폭넓게 다루며 더 깊이 있는 내용을 탐구하는 데에 든든한 도우미 역할을 해줄 것입니다.

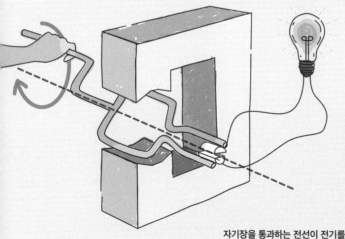

자기장을 통과하는 전선이 전기를 유도하는 현상은 발전기의 바탕이 된다.

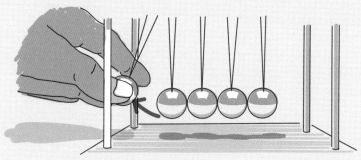

뉴턴의 진자에서 뉴턴의 제1법칙을 따르는 선운동량의 보존을 볼 수 있다.

이 책은 모두 13장으로 이루어져 있으며, 각각은 특정 분야를 다루고 있습니다. 시작은 힘(중력)과 운동(직선운동과 회전운동)에 관한 아주 기초적인 내용입니다. 우주가 어떻게 에너지를 보존하는 영구불변의 법칙을 따르는지, 이런 법칙이 작용하는 장에 관해 살펴보세요. 그러고 나면 전기와 전자기(이게 없다면 현대 사회는 돌아가지 않습니다)에 관해 배울 수 있습니다. 여러 매질 속에서 파동은 어떻게 행동할까요? 광학은 우리에게 무엇을(예를 들어, 인터넷) 보여줄까요? 열역학에서 말하는 열에는 어떤 힘이 있을까요? 유체는 단순한 액체와 무엇이 다를까요?

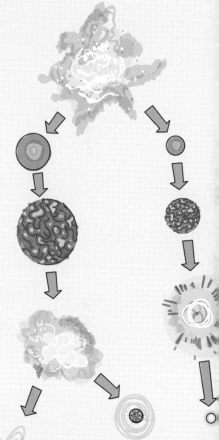

기초적인 내용을 알고 나면 이제는 아인슈타인을 따라 20세기 물리학의 세계로 넘어가 놀라울 정도로 강력한 핵의 힘과 양자역학의 우아한 불가사의를 만납니다. 마지막으로 천체물리학을 다룬 장에서는 별을 만나보고 다른 무엇보다 중력이 드넓은 우주에서 얼마나 중요한지를 알게 됩니다. 각 장의 마지막에는 방금 배운 내용을 복습하는 데 도움이 되도록 시각 자료를 곁들인 「다시 보기」가 있습니다.

꼼꼼하고 간결한 설명에 이해를 돕는 효과적인 그림을 갖춘 이 책은 역학과 힘의 기초부터 현대물리학과 천체물리학 속의 좀 더 도전적인 개념에 이르기까지 단계별로 차근차근 나아갈 수 있도록 만들어졌습니다. 과학적 발견의 첨병인 호기심에 불을 지펴줄 여행의 시작입니다. 『태어난 김에 물리 공부』에 오신 것을 환영합니다!

스케이트 선수가 회전하면서 동작을 바꾸는 동안에도 각운동량은 보존된다. 몸을 더 넓게 펼수록 회전 속도는 줄어든다.

별의 일생. 성운에서 탄생해 초신성을 거쳐 중성자성이나 블랙홀이 된다.

9

1장

힘

힘은 어디에나 있지만, 우리는 눈으로 볼 수 없습니다. 그 대신 힘의 효과를 경험할 수 있지요. 힘은 어떤 물체에서 다른 물체로 에너지를 전달할 수 있습니다. 혹은 에너지를 전달하지 않으면서 어떤 물체가 제자리에 가만히 있게 할 수 있습니다. 힘은 행성의 움직임을 조종하고 원자핵이 생기도록 묶어줍니다.

힘은 두 가지로 나눌 수 있습니다. **접촉력**과 **비접촉력**입니다. 접촉력은 물리적인 운동으로 생기고, 비접촉력은 멀리 떨어진 곳에서 영향을 끼치는 방식으로 생깁니다.

힘이란 무엇일까?

세계적으로 쓰이는 힘의 단위는 **뉴턴(N)**입니다. 영국의 수학자, 물리학자, 천문학자인 아이작 뉴턴의 이름에서 유래한 단위입니다. 과학적으로 정확하면서도 아주 간단한 정의를 내려준 뉴턴에게 고마울 따름이지요.

어떤 물체가 받는 힘에 불균형이 생기면, 그 물체는 **가속**(점점 빨라짐)하거나 **감속**(점점 느려짐)합니다.

만약 미식축구 선수 두 사람이 크기는 같고 방향은 반대인 힘으로 충돌한다면, 전체적으로는 힘이 모두 사라지고 **가속도 일어나지 않습니다.**

힘의 불균형이 일어나면 어느 한 방향으로 힘이 생깁니다. 따라서 물체는 그 방향으로 가속하거나 감속합니다. 같은 원리로 힘의 균형이 맞아 힘이 모두 사라진다면, 물체의 속도(특정 방향으로 움직이는 빠르기)는 변하지 않습니다. 따라서 물체는 가만히 있거나 일정한 속도로 계속 움직입니다.

한 선수가 상대방에게 태클할 때 태클하는 힘이 상대방이 반대로 미는 힘보다 크다면, 힘의 불균형이 일어나고 두 선수는 그 방향으로 가속하거나 감속합니다.

덩치가 큰 선수와 작은 선수가 서로 똑같은 힘을 받으면 큰 선수는 질량이 큰 만큼 덜 가속합니다. 이것을 **관성**이라고 합니다.

가속 없음

반대 방향의 힘   태클하는 힘

힘의 불균형: 가속이 일어남

반대 방향의 힘

전체적인 힘:
이 방향으로 가속이 일어남

힘의 불균형

태클하는 힘이
더 강함

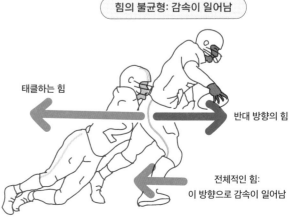

힘의 불균형: 감속이 일어남

태클하는 힘

반대 방향의 힘

전체적인 힘:
이 방향으로 감속이 일어남

접촉력

접촉력은 다양한 물리적 운동에 의해 생기는 힘으로, 물체의 접촉을 통해 전달됩니다.
미는 힘, **당기는 힘**, **마찰력**, **지탱하는 힘**, **탄성력** 등이 여기에 해당합니다.

미는 힘

미는 힘은 물체를 움직일 수 있습니다. 예를 들어 스케이트보드를 타고 발로 땅을 구르면 앞으로 움직일 수 있습니다.

당기는 힘

줄다리기할 때는 **당기는 힘**이 생깁니다. 원리는 미는 힘과 비슷하지만, 방향이 반대입니다. 양편이 줄을 잡아당기면 줄에 장력이 생깁니다.

마찰력

접촉력의 종류

탄성력

수직항력

마찰력은 두 표면이 맞닿은 채로 움직일 때 생기는 저항입니다. 마찰력은 언제나 움직이는 방향의 반대로 작용합니다. 마찰력을 좌우하는 건 두 가지 요소입니다. 하나는 두 표면을 맞닿게 하는 힘(흔히 무게 때문에 생깁니다)이고, 다른 하나는 맞닿아 있는 표면의 성질(마찰계수)입니다. 고무는 마찰계수가 높습니다. 그래서 우리는 자동차를 타고 굽은 길을 다닐 수 있지요. 마찰력은 수많은 작은 입자(공기 같은)가 물체에 부딪치면서 생기기도 합니다. 이를 **공기저항**이라고

하며, 물체의 크기와 둘 사이의 상대 속도에 따라 크기가 달라집니다.

지탱하는 힘은 **수직항력**이라고도 하며, 책상처럼 단단한 표면 위에 책과 같은 물체를 올려놓으면 책의 무게와 균형을 맞추기 위해 생깁니다.

탄성력은 탄성이 있는 물체가 외부의 힘을 받아 늘어나거나 줄어들었다가 원래대로 되돌아가려는 힘입니다.

수직항력

수직항력은 물체가 표면을 뚫고 떨어지지 않게 해줍니다. 지구상의 모든 물체에는 중력 때문에 생기는 **무게**가 있으며, 허공에 놓으면 아래로 점점 빨리 떨어집니다. 어떤 물체가 움직이지 않는 단단한 표면 위에 놓여 있다면, 그 물체는 무게와 똑같고 방향이 반대인 힘을 받습니다. 물체의 질량, 무게가 커질수록 그 물체를 떠받치는 수직항력도 똑같이 커집니다.

엘리베이터 안에서 저울 위에 올라가 있다고 상상해보세요. 엘리베이터가 가만히 있을 때 저울의 무게는 여러분의 '진짜 무게'와 같습니다.

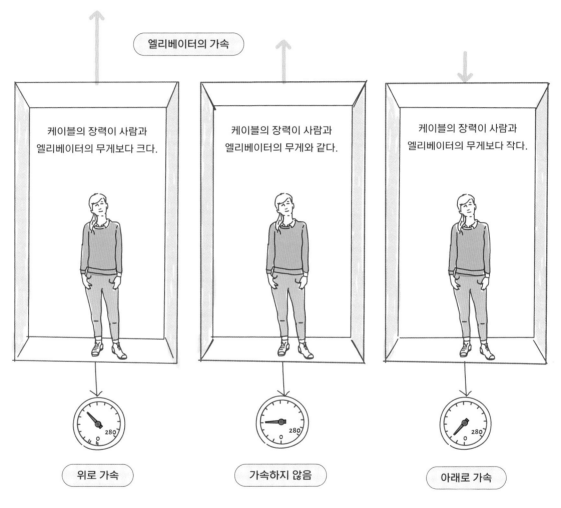

엘리베이터의 가속

케이블의 장력이 사람과 엘리베이터의 무게보다 크다.

케이블의 장력이 사람과 엘리베이터의 무게와 같다.

케이블의 장력이 사람과 엘리베이터의 무게보다 작다.

위로 가속

가속하지 않음

아래로 가속

엘리베이터의 움직임은 케이블의 **장력**에 좌우됩니다. 엘리베이터가 위쪽으로 **가속**하고 있다면, 엘리베이터의 바닥은 여러분의 무게를 지탱하는 동시에 점점 빨리 움직일 수 있게 힘을 주어야 합니다. 이때 여러분은 더 무거워진 느낌을 받게 되며, 저울에도 늘어난 몸무게가 표시됩니다.

엘리베이터가 가속하지 않고 일정한 속도로 움직이면 저울에는 여러분의 원래 몸무게가 표시됩니다.

엘리베이터가 **감속**(점점 느려짐)하기 시작하면, 정반대의 현상이 나타납니다. 즉, 여러분은 가벼워진 느낌을 받게 됩니다.

여러분의 발에서 느껴지는 수직항력은 일정하지 않습니다. 엘리베이터의 속도가 달라짐에 따라 커지거나 작아지지요.

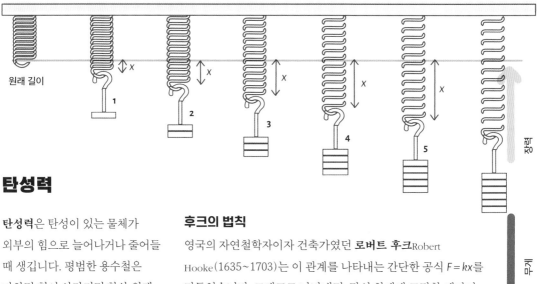

원래 길이

1

2

3

4

5

장력

무게

탄성력

탄성력은 탄성이 있는 물체가 외부의 힘으로 늘어나거나 줄어들 때 생깁니다. 평범한 용수철은 가하던 힘이 사라지면 항상 원래 길이로 돌아가려 합니다. 이때 용수철의 장력이나 압축력을 **복원력**이라고 합니다. 용수철이 늘어나거나 줄어드는 길이(x)는 두 가지에 따라 달라집니다. 하나는 작용하는 힘의 크기(F)이고, 다른 하나는 용수철의 강도를 나타내는 용수철 상수(k)입니다.

후크의 법칙

영국의 자연철학자이자 건축가였던 **로버트 후크**Robert Hooke(1635~1703)는 이 관계를 나타내는 간단한 공식 $F = kx$를 만들었습니다. 그래프로 나타내면, 탄성 한계에 도달할 때까지 작용하는 힘이 커질수록 용수철의 길이가 원점에서 출발한 직선을 따라 일정하게 늘어남을 확인할 수 있습니다.

탄성 한계에 이르면 힘을 받은 용수철은 그전까지와 다르게 움직이며, 그건 용수철의 재질에 따라 달라집니다. 그래프의 기울기가 용수철 상수입니다.

용수철의 강도를 나타내는 상수 k는 재질이니 선의 지름 등 여러 가지 요인에 따라 달라집니다. 사실상 모든 용수철은 용수철 상수가 다르며, 용수철 상수의 단위는 N/m입니다.

후크의 법칙은 물리적인 용수철에 적용할 수 있을 뿐만 아니라 물질 속의 원자가 진동하는 원리와 파동 물리학에도 유용하게 쓰입니다. 양쪽 다 평형 상태에서 돌아가면서 진동을 일으키는 힘인 복원력의 크기가 좌우하는 현상입니다.

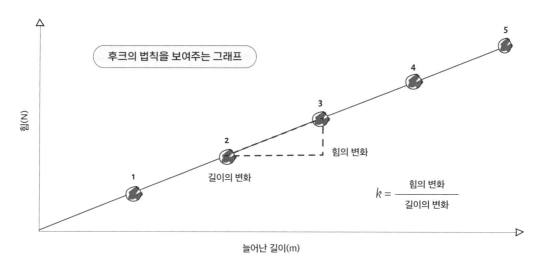

후크의 법칙을 보여주는 그래프

힘(N)

5

4

3

2

1

힘의 변화

길이의 변화

$$k = \frac{\text{힘의 변화}}{\text{길이의 변화}}$$

늘어난 길이(m)

벡터

물리학자가 힘을 다룰 때는 크기와 힘이 작용하는 방향을 고려합니다. 크기와 방향은 물체를 움직이는 전체적인 힘에 직접 영향을 끼치므로 힘을 다룰 때 필수적입니다. 이를 위해 세계적으로 사용하는 방법이 **벡터**입니다.

벡터는 어떤 물체에 작용하는 모든 힘을 보여주는 데 효과적입니다. 그리고 여러 가지 힘이 물체의 움직임에 어떤 영향을 끼치는지 이해하는 데에도 유용합니다. 어떤 물체에 작용하는 전체적인 힘은 벡터의 합을 계산해 얻을 수 있습니다.

벡터는 힘이 작용하는 곳에 화살표 형태로 그립니다. 화살표의 길이는 힘의 크기를, 화살표의 방향은 힘이 작용하는 방향을 나타냅니다. 계산할 때 구별할 수 있도록 각각의 벡터는 알파벳으로 표시합니다. 보통 알파벳 위에 오른쪽을 가리키는 화살표를 그립니다. 예를 들어, 무게는 보통 $\vec{W}$로 나타냅니다.

어떤 물체에 작용하는 힘이 여럿일 때가 많은데, 이때는 여러 개의 화살표로 나타냅니다. 일정한 속도로 날아가는 비행기에는 여러 가지 힘이 작용합니다. 엔진에서 나오는 **추력**(T)과 공기의 저항으로 생기는 **항력**(D), 비행기의 무게(W), 그리고 **양력**(L)이 있지요.

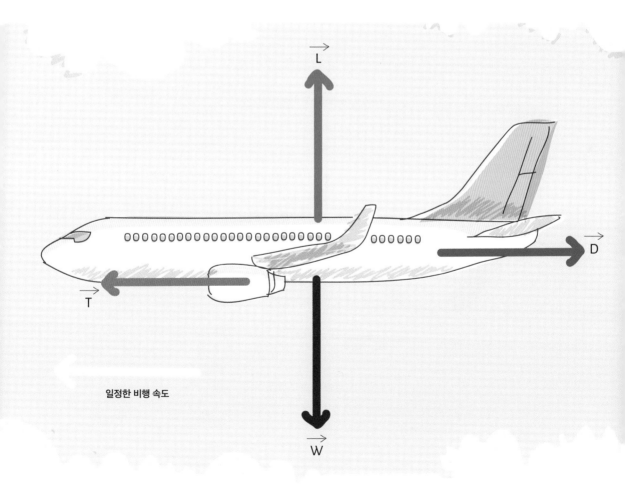

일정한 비행 속도

비접촉력

비접촉력(멀리서 작용하는 힘)은 직접 닿지 않고도 물체에 영향을 끼칩니다. 모든 비접촉력은 거리에 큰 영향을 받습니다. 중력(무게), 정전기력, 자기력, 핵력 등이 대표적입니다.

핵력은 원자들이 서로 뭉쳐 여러 다른 원소가 될 수 있게 하는 힘입니다. 아주 강력하지만, 아주 짧은(약 10^{-15}m) 거리에서만 작용합니다. 이 거리에서 양성자끼리 전기적으로 밀어내는 힘을 넘어설 수 있을 정도로 강력하지요.

중력은 우주에서 두 물체가 서로 끌어당기는 힘입니다. 은하와 항성계가 서로 모여 있을 수 있게 해주는 힘이자 행성 위에서 무게를 느낄 수 있게 해주는 힘입니다. 중력은 항상 끌어당기기만 하며, 두 가지 요소의 영향을 받습니다. 두 물체의 질량과 두 물체 사이의 거리입니다. 질량이 더 크고 둘 사이가 더 가까울수록 끌어당기는 힘이 강해집니다.

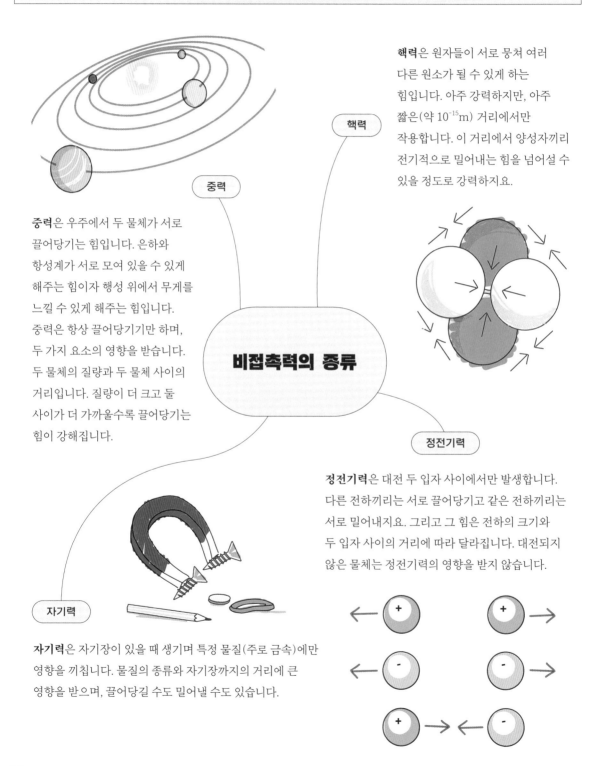

비접촉력의 종류

정전기력은 대전 두 입자 사이에서만 발생합니다. 다른 전하끼리는 서로 끌어당기고 같은 전하끼리는 서로 밀어내지요. 그리고 그 힘은 전하의 크기와 두 입자 사이의 거리에 따라 달라집니다. 대전되지 않은 물체는 정전기력의 영향을 받지 않습니다.

자기력은 자기장이 있을 때 생기며 특정 물질(주로 금속)에만 영향을 끼칩니다. 물질의 종류와 자기장까지의 거리에 큰 영향을 받으며, 끌어당길 수도 밀어낼 수도 있습니다.

무게

무게(중력에 의해 생김)와 질량은 서로 다른 개념입니다. **질량**은 킬로그램으로 측정하며, 무게는 힘이므로 뉴턴(1N=0.10197kg)으로 측정합니다. 어떤 물체의 질량은 일정합니다. 즉, 얼마나 많이 **있는지**를 나타내는 척도입니다. 그러나 물체의 무게는 중력장을 만드는 커다란 물체에 얼마나 **가까운지**에 따라 달라집니다.

중력장의 세기는 g로 나타내며, 질량 1kg당 몇 N에 해당하는 힘을 냅니다. 지구 위 또는 근처에서 1kg의 무게는 약 9.8N입니다(g=9.8N/kg).

사실 지구(질량 M)와 물체(질량 m)는 서로 똑같은 힘으로 상대를 끌어당깁니다. 하지만 물체와 비교하면 지구가 훨씬 크기 때문에 물체가 지구를 잡아당기는 힘은 무시할 수 있을 정도입니다.

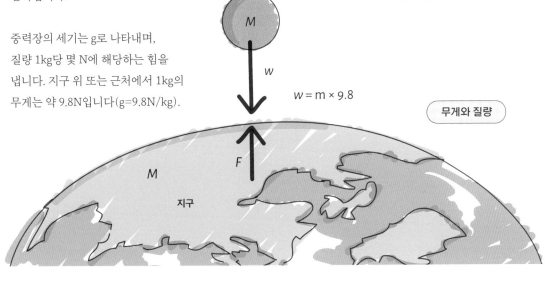

$w = m \times 9.8$

무게와 질량

무엇이 더 빨리 떨어질까?

만약 어떤 물체를 떨어뜨리면 땅에 떨어질 때까지 매초 9.8m/s의 비율로 가속합니다. 물체의 질량과 상관없이 항상 똑같습니다. 공기 저항의 영향이 없다고 가정하죠. 이때 볼링공과 깃털을 떨어뜨리면 똑같은 크기로 속도가 빨라집니다.

언뜻 생각하면 잘 이해가 안 됩니다. 그러나 뉴턴의 제2법칙에 따른 분명한 결과입니다. 볼링공에 작용하는 힘은 깃털에 작용하는 힘보다 훨씬 큽니다. 그러나 볼링공은 질량이 큰 만큼 가속하기 위해 더 큰 힘이 필요합니다.

$a = 9.8 \text{ m/s}^2$ $a = 9.8 \text{ m/s}^2$

중력

중력에 의한 힘을 정의한 사람도
뉴턴입니다. 뉴턴은 질량이 있는
두 물체 사이에 작용하는 힘의
크기가 두 질량의 곱에 비례하고
거리의 제곱에 반비례한다고
설명했습니다. 간단히 말해 두 물체
사이에 작용하는 힘은 두 물체의
질량만큼 커지며 거리가 작을수록
훨씬 더 커집니다.

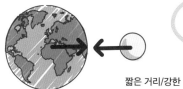

$$F = \frac{G m_1 m_2}{r^2}$$

짧은 거리/강한 인력

먼 거리/약한 인력

큰 질량/강한 인력

> 휘는 빛

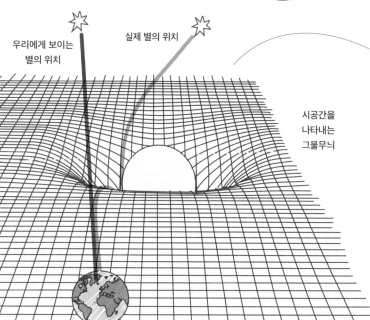

우리에게 보이는
별의 위치

실제 별의 위치

시공간을
나타내는
그물무늬

F는 단위 N으로 나타낸 힘의
크기입니다. m_1과 m_2는 kg으로
나타낸 각 물체의 질량이고, r은 m로
나타낸 두 물체 사이의 거리입니다.
그리고 G는 **만유인력상수**입니다. 이
수는 매우 작아서(약 6.67×10^{-11})
두 물체가 행성이나 별처럼 아주 클
때만 그 사이의 중력이 의미 있다는
사실을 보여줍니다. 작은 물체
사이의 중력은 매우 작아서 효과를
거의 알아챌 수 없습니다.

질량이 큰 물체는 시공간에 왜곡이 생기게
해 물체 주위에 특정한 효과를 일으킨다.
이 효과는 빛의 경로를 휠 수도 있다.

달에서 뛴다면

달의 중력은 지구의 약 6분의 1배입니다.
지구에서 몸무게가 45kg인 사람이
달에 가면, 질량은 그대로이지만
몸무게는 7.7kg이 됩니다. 만약
지구에서 1m를 뛸 수 있다면,
달에서는 5.5m를 뛸 수 있습니다.

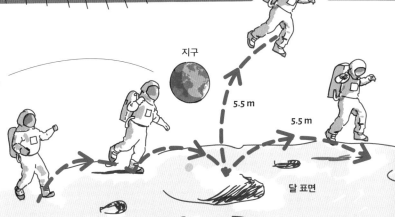

지구

5.5 m

5.5 m

달 표면

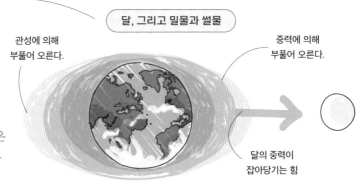

관성에 의해
부풀어 오른다.

중력에 의해
부풀어 오른다.

달의 중력이
잡아당기는 힘

달과 지구는 둘 다 크기는 같고
방향이 반대인 힘을 받습니다. 이
힘은 물과 같은 액체에 영향을
끼칩니다.

달의 중력이 발휘하는 힘(**기조력**)은
달 쪽에 가까운 지구의 바다에 있는
많은 양의 물을 끌어당겨 부풀어

오르게 합니다. 지구 반대편은 달까지의 거리가 좀 더 멀어서 달의 중력이 끼치는 영향이 훨씬 더 작습니다.
여기에 **궤도운동**을 하는 물의 관성까지 가세해 달의 중력에 거꾸로 작용합니다. 그 결과 지구 반대편 방향에서도
바다가 불룩하게 솟아오릅니다. 이 현상이 바다의 깊이를 다르게 만들지요.

별이 뭉치게 하는 건 무엇일까?

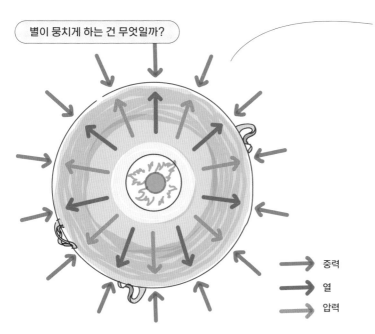

중력
열
압력

별의 중심에서 수소 핵융합이
일어나면 엄청난 에너지가 나오고
바깥쪽으로 **복사 압력**이 생깁니다.
이 힘과 가스 압력이 합쳐져 별의
중력과 균형을 이루며 크고 작은
별들이 수십억 년 동안 안정적으로
둥근 모양을 유지합니다. 이 현상을
정역학적 평형이라고 부릅니다.
중심부에서 수소가 다 떨어지면
더는 에너지가 생기지 않고
복사 압력도 사라집니다. 별은
불안정해지고 중력만 남으면서
안쪽으로 붕괴합니다.

중력은 물체가 지구나 다른 행성 위에 놓여 있게 해주는 힘입니다. 인공위성과 위성이 행성
주위를 돌게 하며, 행성이 별 주위를 돌게 합니다. 또한, 별들의 질량은 은하 전체가 흩어지지
않게 해줍니다. 그리고 궁극적으로 우주 전체의 운명을 결정지을 힘이기도 합니다.
중력은 우리가 존재하는 데 필수적이지만, 근본 원리는 아직
수수께끼입니다. 현재 중력자라는 이론상의 입자가 중력을
매개한다고 추측하고 있지만, 아직 발견되지 않았습니다.

정전기력

정전기력은 두 개 이상의 대전 입자 사이에서 작용합니다. 입자 사이의 거리에 크게 좌우되며, 각 입자의 전하량(쿨롱으로 측정)의 크기에 비례해 커집니다. 그러나 중력과 달리 정전기력은 끌어당길 수도 있고 밀어낼 수도 있습니다. 전하가 같은(둘 다 양이거나 둘 다 음인) 경우에는 서로 밀어내지만, 전하가 다른(하나는 양이고 하나는 음인) 경우에는 서로 끌어당깁니다.

같은 전하와 다른 전하

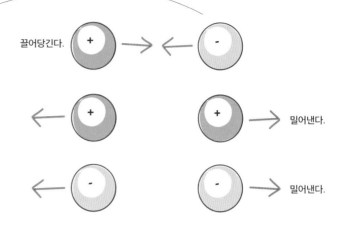

끌어당긴다.

밀어낸다.

밀어낸다.

모든 물질 안에는 양성자와 중성자, 전자가 있습니다. 양성자는 양전하를 띱니다. 전자는 음전하를 띠고, 중성자는 전하가 없는 중성입니다. 두 양성자는 서로 강하게 밀어냅니다. 하지만 양성자와 전하가 없는 중성자 사이에는 정전기력이 생기지 않습니다. 이들을 묶어놓는 건 서로 전하가 반대인 양성자와 전자입니다. 모든 원소는 원자 안의 양성자와 전자 수가 같습니다. 그래서 전기적으로 중성이 됩니다.

헬륨 원자

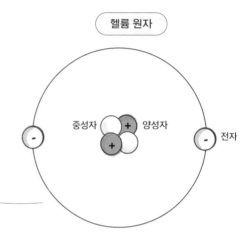

중성자   양성자   전자

정전기 일으키기

전자를 일부 없애고 양전하가 더 많아지게 하면 어떤 물체의 표면을 양전하로 대전시킬 수 있습니다. 나일론 천을 풍선에 문지르면 전자가 천으로 옮겨 가면서 풍선은 정전기를 띠게 됩니다. 풍선을 머리카락 근처에 가져가면 풍선의 양전하가 머리카락 속의 전자를 끌어당겨 머리카락이 솟구칩니다.

이 간단한 실험은 정전기력이 머리카락의 무게를 들어 올릴 수 있을 정도이며 중력과 비교해 훨씬 더 강하다는 사실을 보여줍니다.

핵력

핵력은 아주 가까운 거리에서 작용할 때 대단히 강합니다. 모든 원자의 원자핵 안과 모든 핵자(양성자와 중성자) 사이에서 작용하는 힘입니다.

핵력은 핵자가 서로 뭉쳐 원소를 이룰 수 있게 해주며, 서로 1×10^{-15}m(1펨토미터)만큼 떨어져

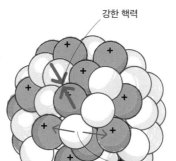

원자 속의 핵자

강한 핵력

정전기적 반발

있는 양성자 사이의 정전기적 반발력을 이길 수 있을 정도로 강합니다. 만약 핵자 사이의 거리가 두 배(약 2.5×10^{-15})가 된다면 강력한 핵력도 효과가 없어집니다.

핵분열

산소나 탄소 같은 대부분의 원소는 안정적입니다. 강력한 핵력이 원자핵 속 양성자 사이의 정전기적 반발력을 충분히 이기기 때문입니다. 그러나 방사성 원소는 핵이 불안정해 에너지와 방사선을 내뿜으며 더 작은 조각으로(158쪽을 보세요) 붕괴합니다. 이 현상을 핵분열이라고 합니다.

핵연료봉에는 자연에 존재하는 우라늄235가 담겨 있습니다. 열(움직이는)중성자를 연료봉에 쏘면 일시적으로 핵과 결합해 아주 불안정한 우라늄236이 됩니다. 이 원소는 핵분열(쪼개짐)하면서 중성자 세 개를 방출합니다. 그 과정에서 에너지와 감마선, 방사성 폐기물이 나옵니다.

세 중성자는 속도가 매우 빨라서 원자로 노심 안의 감속재로 속도를 늦춥니다. 이어서 중성자 셋 중 둘은 제어봉에 흡수되며, 반응 하나가 연이어 반응 세 개로 이어지며 일어나는 치명적인 연쇄반응을 방지합니다. 불안정한 방사성 원소는 수많은 핵자를 하나로 묶어놓을 핵력이 충분하지 않아 그 상태를 유지하지 못합니다. 그래서 더 작고 안정한 원소 여러 개로 쪼개지며, 그 과정에서 에너지를 방출합니다.

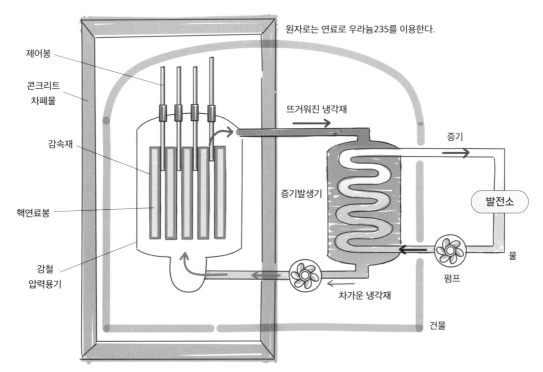

원자로는 연료로 우라늄235를 이용한다.

제어봉

콘크리트 차폐물

감속재

핵연료봉

강철 압력용기

뜨거워진 냉각재

증기발생기

증기

발전소

물

펌프

차가운 냉각재

건물

자기력

자기력은 자력을 띤 두 물체(서로 끌어당기거나 밀어낼 수 있습니다) 사이 또는 자력을 띤 물체와 금속 같은 **자성 물질** 사이에서 느낄 수 있습니다. 자력을 띤 물질은 자기장으로 둘러싸여 있으며, 자기장의 세기는 물질의 종류와 그 물체로부터의 거리에 따라 달라집니다.

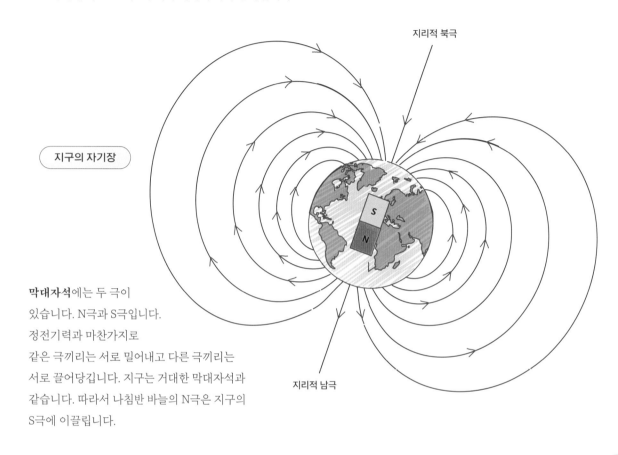

지리적 북극

지구의 자기장

지리적 남극

막대자석에는 두 극이 있습니다. N극과 S극입니다. 정전기력과 마찬가지로 같은 극끼리는 서로 밀어내고 다른 극끼리는 서로 끌어당깁니다. 지구는 거대한 막대자석과 같습니다. 따라서 나침반 바늘의 N극은 지구의 S극에 이끌립니다.

자기장을 그려보자

막대자석과 철가루, 종이를 가지고 자기장의 존재를 확인할 수 있습니다. 먼저 자석 위에 종이를 올려놓고 그 위에 철가루를 뿌립니다. 그런 후 종이를 가볍게 툭툭 칩니다. 그러면 철가루가 양극에 이끌려 움직이는데, 철가루의 배치가 자석이 만드는 자기장의 모습을 나타냅니다.

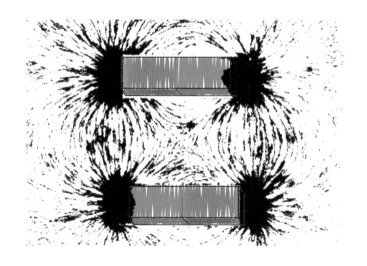

무엇이 자석에 끌릴까?

자석은 **영구적**일(언제나 자기장을 만든다) 수도 있고, **일시적**일 수도 있습니다. **전자석**은 전기가 흐를 때만 자기장이 생깁니다. 자기장의 세기는 테슬라(T)라는 단위로 나타냅니다. 냉장고 자석은 0.00005T인 반면, 자기공명영상장치(MRI)에 쓰이는 자석은 1.5T일 정도로 세기의 차이가 큽니다.

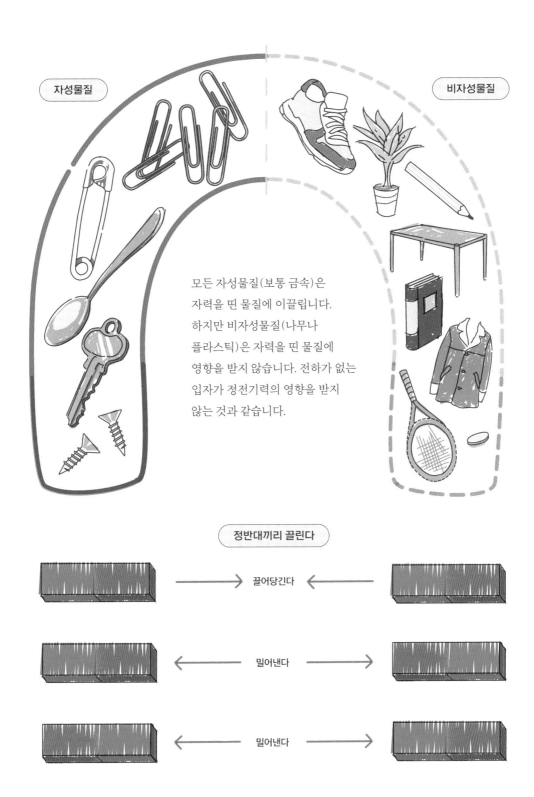

자성물질

비자성물질

모든 자성물질(보통 금속)은 자력을 띤 물질에 이끌립니다. 하지만 비자성물질(나무나 플라스틱)은 자력을 띤 물질에 영향을 받지 않습니다. 전하가 없는 입자가 정전기력의 영향을 받지 않는 것과 같습니다.

정반대끼리 끌린다

끌어당긴다

밀어낸다

밀어낸다

23

뉴턴의 법칙

뉴턴은 힘이 운동에 어떻게 영향을 끼치는지를 세 가지 법칙으로 만들었습니다.
세 법칙은 다음과 같습니다.

1 외부의 힘이 작용하지 않는 한 가만히 있는 물체는 계속 가만히
있고 움직이는 물체는 계속 똑같은 속도로 움직입니다.

2 물체의 가속도는 작용하는 힘의 총합에 비례하고, 방향은 힘의
방향과 같습니다. 질량이 큰 물체를 똑같은 비율로 가속하려면 더
큰 힘이 필요하다는 뜻입니다.

3 모든 작용에는 크기가 똑같고 방향이 반대인 반작용이 있습니다.
어떤 물체에 힘을 가하면 그 물체가 반대 방향으로 크기가 같은
힘을 가한다는 뜻입니다.

어떤 물체에 힘을 가하면 그 물체가 점점 빨라진다는 사실은 이미
살펴보았습니다. **가속도**는 속도가 얼마나 빨리 변하는지를(얼마나 빨리
빨라지는지를) 나타냅니다.

그림을 보면 로켓 엔진이 추력(T)을 냅니다. 추력은 무게와 항력을 합한
것(W+D)보다 큽니다. 이런 힘의 불균형 때문에 위쪽 가속이 일어납니다.

아래 그래프에서 볼 수 있듯이 로켓의 속도(파란 화살표)는 점점 커집니다.

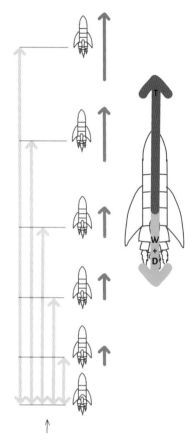

무게(W)와 항력(D)의 합보다 추력(T)이 크면
로켓은 위로 가속한다. 파란 화살표는 점점
커지는 속도를, 노란 화살표는 점점 늘어나는
거리를 나타낸다.

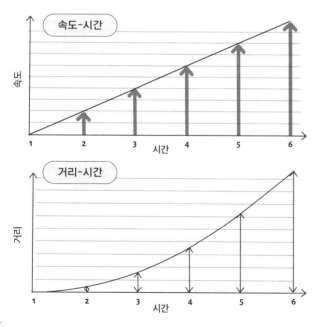

그림 속의 로켓은 일정한 시간 간격으로
나타낸 로켓의 위치입니다. 일정한 시간
동안 로켓이 움직인 거리는 옆에 있는
거리-시간 그래프에 나타나 있습니다.
속도가 커지는 비율은 두 가지 요소의
영향을 받습니다. 힘의 크기와 물체의
질량입니다. 무거운 물체를 가속하려면
당연히 큰 힘이 필요합니다.

뉴턴, N

뉴턴은 두 번째 법칙을 만들며 N을 정확히 정의했습니다.
1N의 힘은 1kg짜리 물체의 속도를 1초마다 1m/s만큼
바꿀 수 있습니다. 이 법칙은 다음처럼 간단한 공식으로
나타낼 수 있습니다.

$$F = ma$$

운동량의 변화

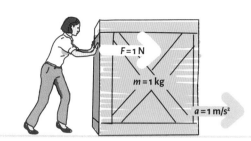

F는 작용하는 힘으로 단위는 N입니다. m은 물체의
질량이고 단위는 kg입니다. 그리고 a는 가속도로
단위는 m/s²입니다. 무거운 물체를 똑같은 가속도로
가속하려면 큰 힘이 필요합니다.

오른쪽 그림은 상자와 땅 사이에 마찰이 없다고
가정하면 똑같은 시간 동안 힘이 1N일 때와
비교해 2N일 때 **운동량의 변화**가 얼마나 빨리
이루어지는지를 보여줍니다.

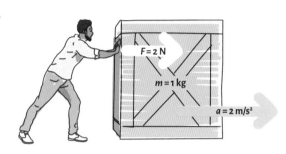

N을 달리 정의하는 방법도 있습니다. **운동량**(p)은 물체의 질량과 속도의 곱으로 정의하며, 단위는 kg·m/s입니다.
공식으로 나타내면 $p = mv$이며, 여기서 p는 운동량, m은 물체의 질량(kg), v는 속도(m/s)입니다.

물총새의 질량은 작지만, 아주 빠른 속도로 다이빙하기에 운동량은 큽니다. 천천히 움직이는 곰도 큰 질량 때문에
운동량이 큽니다. 곰과 비교하면 물총새의 운동량이 작지만, 질량이 6000분의 1인 반면 운동량은 1200분의 1
수준에 그칩니다.

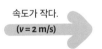

속도가 작다.

(v = 2 m/s)

$p = 2 \times 200 = 400$kg m/s

질량이 크다.

(m = 200 kg)

질량이 작다.

(m = 0.03kg)

속도가 크다.

(v = 11 m/s)

$p = 0.03 \times 11 = 0.33$kg m/s

물체를 밀어서 생기는 힘

당기는 힘

잡아당기는 대상에
장력이 생긴다.

미는 힘

맞닿은 두 물체의 표면에서
또는 물체가 액체 속에서
움직일 때 느낄 수 있다.

마찰력

접촉력

탄성력

탄성이 있는 물질이
외부 힘에 의해
늘어났다가 다시
돌아가는 힘

벡터

크기와 방향을 나타낸다.

수직항력

단단한 표면에
물체를 올려놓을 때
생긴다.

후크의 법칙

용수철을 늘리거나 압축하는 힘은
늘어나거나 줄어드는 거리에 비례한다.

힘

운동법칙

운동량

질량이 m, 속도가 v인 물체에 대해,
질량과 속도의 곱인 mv로 나타낸다.

뉴턴

힘을 측정하는
단위. 1N은 1kg을
1m/s²로 가속한다.

뉴턴의 세 가지 운동 법칙

제1법칙

외부의 힘이 작용하지 않는 한
물체는 가만히 있거나 일정한
속도로 움직인다.

제2법칙

운동의 변화는(=가속도는)
가해진 힘에 비례하며 힘이
가해진 직선 방향으로 일어난다.

제3법칙

모든 작용에는 크기가 같고
방향이 반대인 반작용이 있다.

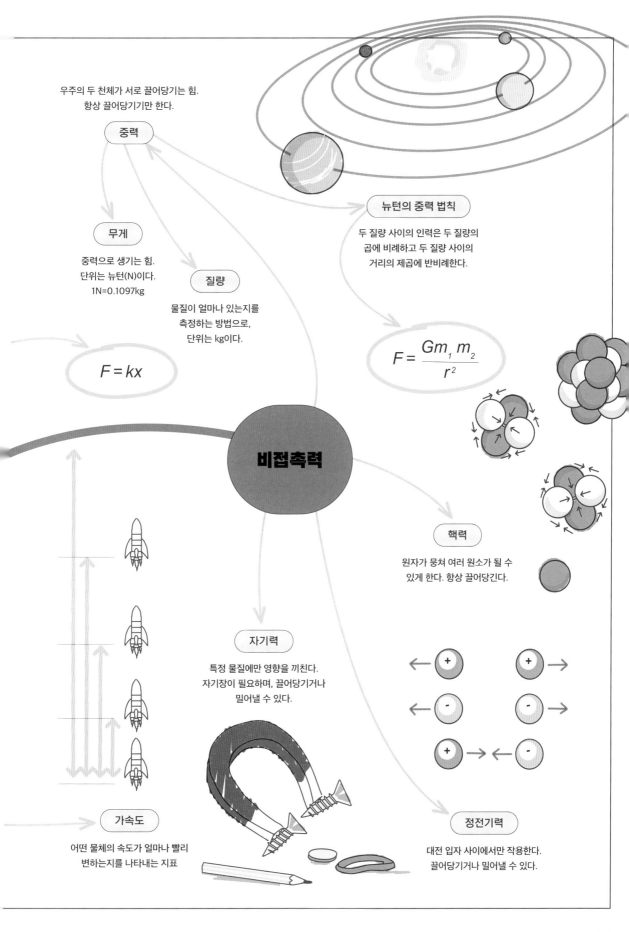

우주의 두 천체가 서로 끌어당기는 힘.
항상 끌어당기기만 한다.

중력

무게

중력으로 생기는 힘.
단위는 뉴턴(N)이다.
1N=0.1097kg

질량

물질이 얼마나 있는지를
측정하는 방법으로,
단위는 kg이다.

$F = kx$

뉴턴의 중력 법칙

두 질량 사이의 인력은 두 질량의
곱에 비례하고 두 질량 사이의
거리의 제곱에 반비례한다.

$$F = \frac{Gm_1 m_2}{r^2}$$

비접촉력

핵력

원자가 뭉쳐 여러 원소가 될 수
있게 한다. 항상 끌어당긴다.

자기력

특정 물질에만 영향을 끼친다.
자기장이 필요하며, 끌어당기거나
밀어낼 수 있다.

가속도

어떤 물체의 속도가 얼마나 빨리
변하는지를 나타내는 지표

정전기력

대전 입자 사이에서만 작용한다.
끌어당기거나 밀어낼 수 있다.

27

2장

직선운동

물리학자는 몇 가지 가정을 통해 물체의 운동을 예측할 수 있습니다.
물체의 운동은 물체가 언제 어디에 있을 것인지를 좌우하는 다양한
변수로 나타냅니다. 초기 속도, 최종 속도, 변위, 가속도, 시간 등이
그런 변수입니다.

물체의 운동을 생각할 때 가속도가 항상 일정하고 직선으로
움직이며 그 크기가 무시할 수 있을 정도로 작다고(물리적인 차원이
없는 상태) 가정합니다. 그러면 물체의 운동에 관련된 수학은 대단히
간단해지고, 우리는 입자의 운동을 예측할 수 있습니다.

입자의 위치

어떤 물체(여기서는 입자라고 부르겠습니다)의 움직임을 생각할 때는 공간 속의 한 점에 대한 입자의
상대적인 위치를 다룹니다. 이 기준점을 원점이라고 합니다. 보통은 입자가 출발할 때(시간이 0초일 때)의
위치를 원점으로 잡습니다. 현실에서 물체는 3차원에서 움직이지만, 여기서는 단순하게 나타내겠습니다.

변위와 거리

생활 속에서 우리는 보통 거리로 움직임을 이야기합니다. 하지만 직선운동 방정식을 사용할 때는 기호 s로
나타내는 **변위**를 사용합니다.

변위는 힘과 마찬가지로 벡터이며, 특정 방향으로 움직인 거리를 말합니다. 거리와 다르게 변위는 t라는
시간(초로 나타냄)에 입자가 원점으로부터 얼마나 떨어져 있는지를 나타냅니다. 이를 위해 흔히 1, 2, 3차원
좌표계를 만듭니다.

만약 입자가 좌표계의 음수 영역에 있다면 변위는 음수가 나올 수 있습니다. 그러나 원점에서 출발해 이동한
거리는 음수가 나올 수 없습니다. 물리적인 길이를 나타내기 때문입니다.

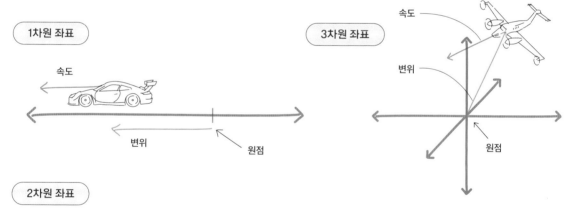

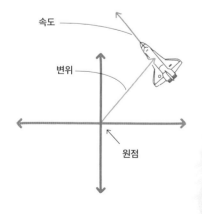

경기장을 달리는 경주용 차가 달린 거리는 움직인 경로의 총 길이입니다.
하지만 변위(원점으로부터의 거리)는 출발점에서 현재 위치까지의
직선거리입니다. 변위의 크기는 언제나 자동차가 움직인 거리보다 작거나
같습니다. 자동차가
경기장을 100바퀴나
돈다고 해도
출발점으로부터의
변위는 0이 됩니다.

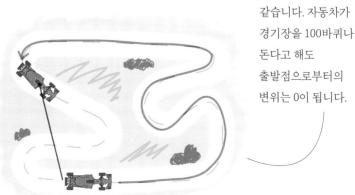

입자의 운동

물리학자는 입자의 위치뿐만 아니라 입자의 속도도 알아야 합니다. 역시 벡터인 **속도**(v)는
입자가 움직이는 속력(m/s로 나타냄)과 방향을 나타냅니다. 속도 변화는 가속도라고 하며,
속력이나 방향(혹은 둘 다)이 얼마나 빠르게 변하는지를 나타냅니다.

속도와 속력

2차원에서 로켓의 운동은 x축 방향의 수평 속도와 y축 방향의
수직 속도로 나타냅니다. 로켓이 상승할 때 속도의 두 가지
성분은 모두 양수입니다.

로켓이 하강할 때 수직 속도는 음수가 됩니다.
직각삼각형의 빗변이 속도를 나타내며,
그 길이가 입자의 속력을 나타냅니다.
속력은 항상 양수입니다.

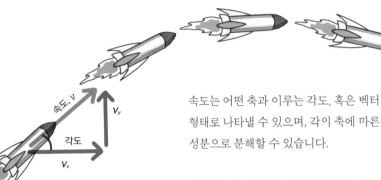

속도는 어떤 축과 이루는 각도, 혹은 벡터
형태로 나타낼 수 있으며, 각이 축에 따른
성분으로 분해할 수 있습니다.

시간에 따른 입자의 속도를 알면 입자의
위치(변위)를 예측할 수 있습니다. 하지만 앞서 살펴보았듯이 뉴턴의
제2법칙($F=ma$)에 따라 외부의 힘이 작용하면 입자의 속도가 변합니다.

가장 간단한 방법은 외부의 힘이 일정하다고, 즉 가속도가 항상 일정하다고
가정하는 것입니다. 그러면 공식이 대단히 단순해져 우리는 속도의 변화를
쉽게 계산하고 특정 시각에 입자가 있는 곳을 알아낼 수 있습니다.

방정식을 단순화해 운동이 1차원(직선)에서만
일어난다고 가정하면, 속도는 두 가지 방향만 가질
수 있습니다. 앞(양의 속도)과 뒤(음의 속도)입니다.

공을 때릴 때

반대 방향의 힘

방망이가 공과 닿으며
반대 방향의 힘을 가해
공의 방향을 바꾼다.

속도

방망이를 떠난 공은 포물체가 되어 날아간다. 공의 초기 속도는
각도와 속력, 방망이와 닿은 시간 등에 따라 달라진다.

가속도

1장에서 살펴보았듯이 물체는 힘을 받으면 가속합니다. 특정 방향의 힘은 입자를 같은 방향으로 **가속**하거나(빠르게 하거나) **감속**할(느리게 할) 수 있습니다. **가속도**는 벡터로, 입자의 속도가 변하는 정도를 나타냅니다. 속력의 변화가 될 수도, 방향의 변화가 될 수도, 둘 다가 될 수도 있습니다. 가속은 외부의 힘과 정확히 똑같은 방향으로 일어납니다. 그리고 입자가 받는 영향은 힘의 크기와 입자의 질량에 따라 달라집니다.

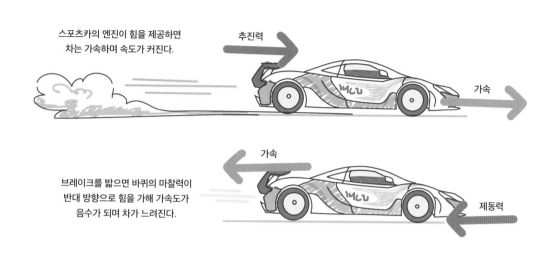

스포츠카의 엔진이 힘을 제공하면 차는 가속하며 속도가 커진다.

추진력

가속

브레이크를 밟으면 바퀴의 마찰력이 반대 방향으로 힘을 가해 가속도가 음수가 되며 차가 느려진다.

가속

제동력

여기서 우리는 가속도를 상수로 두어 속도가 **일정하게** 변한다고 가정했습니다. 사실 물체에 작용하는 힘은 일정하지 않으므로 이런 단순화가 비현실적으로 보일 수 있습니다. 그러나 **운동학**(입자의 움직임을 연구하는 학문)에서 쓰이는 수학을 이해해나가기 위한 좋은 출발점입니다.

투수의 팔은 공에 힘을 제공해 공이 포물체가 되어 타자를 향해 날아가게 한다.

힘

포물체

운동 그래프

속도(v)나 변위(s), 시간(t)을 이용해 입자의 운동을 그래프로 보여줄 수 있습니다.
이런 운동 그래프를 이용해 가속도(a)나 총 이동거리와 같은 여러 성질을 알아낼 수 있지요.
또, 운동 그래프로부터 운동 방정식을 유도해 계산할 수도 있습니다.

속도-시간 그래프

속도-시간 그래프는 시간의 흐름(x축을 따라 t로 나타냄)에 따른 입자의 속도(y축을 따라 v로 나타냄)를 보여주는 시각적 수단입니다. 1차원에서 입자의 속도는 양수거나 음수여야 합니다. 따라서 x축 위의 양수, 혹은 x축 아래의 음수로 나타납니다.

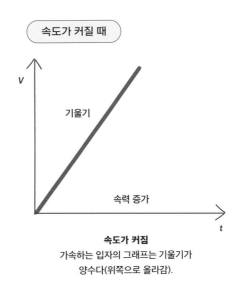

속도가 커질 때

속도가 커짐
가속하는 입자의 그래프는 기울기가 양수다(위쪽으로 올라감).

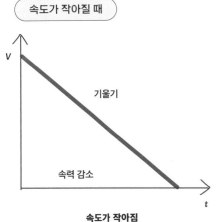

속도가 작아질 때

속도가 작아짐
감속하는 입자(또는 가속도가 음수인 입자)의 그래프는 기울기가 음수다(아래로 내려감).

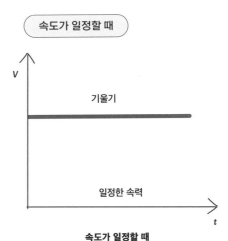

속도가 일정할 때

속도가 일정할 때
그래프는 기울기가 0인 수평선 모양이다.
가속이 전혀 없음을 나타낸다.

다단계 속도-시간 그래프는 이동 거리와 속력, 시간(거리는 속력 곱하기 시간) 사이의 관계를 나타냅니다. 이 그래프를 이용해 원점을 기준으로 입자의 이동 거리, 변위를 계산할 수 있습니다.

가속도가 일정할 때 그래프는 여러 개의 직선으로 이루어집니다. 각각의 직선은 입자의 가속도가 서로 다른 구간을 나타냅니다.

가속도는 속도가 얼마나 빨리 변하는지를 나타내는 벡터량입니다. 그래프에서 가속도는 직선의 기울기로 나타납니다. 기울기는 속도 변화를 변화가 일어나는 데 걸린 시간으로 나눈 값입니다. 기울기가 크다는 건 같은 시간 동안 속도가 더 빨리 변했다는 뜻입니다.

그래프가 x축 아래로 내려간 구간은 입자가 반대 방향, 혹은 음의 방향으로 움직인다는 것을 나타냅니다. 속도가 음수일 때는 값이 작을수록 속력이 더 빠릅니다.

다단계 속도-시간 그래프

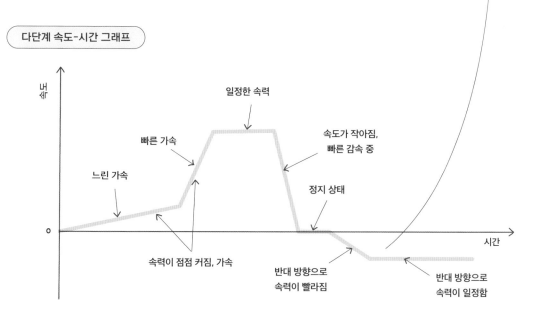

거리 계산과 변위

x축 아래의 넓이를 음수라고 생각하고 그래프의 넓이를 구하면 원점을 기준으로 입자의 변위를 알 수 있습니다. x축과 그래프로 둘러싸인 영역의 넓이를 모두 양수로 생각하고 더하면 총 이동 거리가 나옵니다.

그래프가 직선으로만 이루어져 있으므로 그래프를 여러 도형으로 나누어 각각의 넓이를 계산하는 방식으로 총 이동 거리를 구하는 건 어렵지 않습니다.

속도-시간 그래프로 구하는 거리

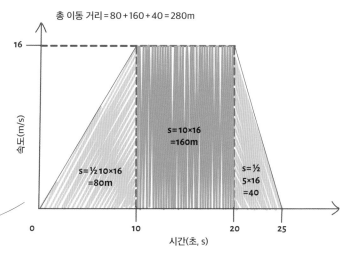

총 이동 거리 = 80 + 160 + 40 = 280m

변위-시간 그래프

변위-시간 그래프는 특정 시각(t)에 원점을 기준으로 입자의 위치를 나타냅니다. 속력은 이동 거리를 걸린 시간으로 나눈 값이므로, 변위-시간 그래프의 기울기는 입자의 속도가 됩니다.

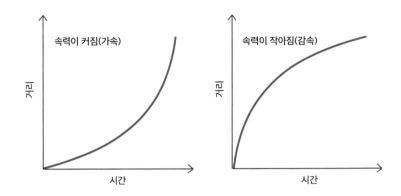

속력이 커짐(가속)

거리

시간

속력이 작아짐(감속)

거리

시간

만약 입자가 가속하고 있다면, 속도는 계속 변합니다. 따라서 그래프의 기울기 역시 변하며 곡선이 됩니다. 가속하는 물체는 **기울기가 커지는**, 즉 위쪽으로 치솟는 그래프를 그리며, 감속하는 물체는 **기울기가 줄어드는**, 즉 평평해지는 그래프를 그립니다.

자유낙하 그래프

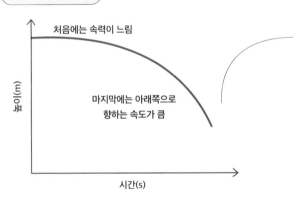

처음에는 속력이 느림

높이(m)

마지막에는 아래쪽으로 향하는 속도가 큼

시간(s)

가속하는 입자는 일정한 시간 동안 더 많은 거리를 움직입니다. 높은 곳에서 떨어뜨린 물체는 **속도가 0**(기울기가 0)으로 출발하지만, 땅을 향해 가속하기(기울기가 작아지기) 시작합니다.

일정한 속력으로 움직이는 물체는 기울기가 0이 아닌 직선으로 나타낼 수 있습니다. 직선이 가파를수록 더 빠른 속도로 움직이는 것입니다. 기울기가 양수면 입자는 전진합니다. 기울기가 음수가 되면 입자는 출발점을 향해(그리고 지나쳐서) 뒤쪽으로 움직입니다. 수평선은 원점으로부터의 변위가 일정함을 나타내므로 입자가 움직이지 않는다는 뜻입니다. 만약 변위-시간 그래프의 직선이 시간 축 아래로 내려간다면, 그건 입자가 출발점에서 원래의 반대 방향으로 움직였다는 뜻입니다. 이때의 변위는 음수가 됩니다.

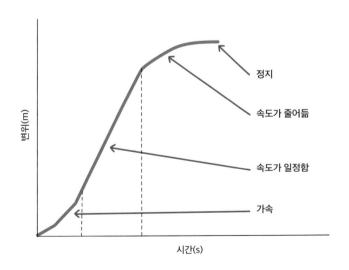

변위-시간 그래프

변위(m)

정지

속도가 줄어듦

속도가 일정함

가속

시간(s)

통통 튀는 공

높은 곳에서 떨어진 공은 중력에 의해 $9.8m/s^2$으로 가속합니다. 속도는 똑바로 아래쪽을 향해 커집니다. 그래프의 경사는 음의 방향으로 커집니다. 이때 원점은 공이 출발한 점이 아니라 지상에 있습니다. 공은 여러 번 팅기면서 에너지를 잃고 결국 원점에서 멈추게 됩니다. 공이 지상에 부딪쳤을 때 변위는 0이며, 에너지를 잃은 만큼 더 약해진 채로 양의 속도로(똑바로 위를 향해) 팅깁니다.

공은 위로 올라갈(속도가 양수) 때도, 아래로 내려갈(속도가 음수) 때도 있어서 **변위-시간 그래프**의 기울기는 양수와 음수를 오갑니다. 공이 지상에 팅겨 나올 때는 순간적으로 방향이 바뀝니다. 순간적이라는 표현은 사실 정확하지 않습니다. 실제로는 공이 압축되면서 속도가 느려졌다가 다시 팽창하면서 방향이 바뀝니다.

변위-시간 그래프는 공이 시간 축을 따라 계속 튀면서 그리는 경로와 비슷한 모습입니다.

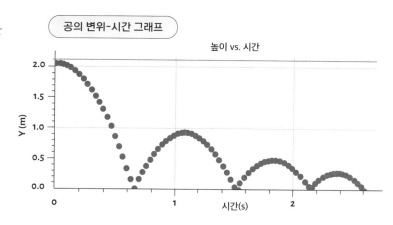

공의 변위-시간 그래프

공의 속도-시간 그래프

① 팅기는 공의 **속도-시간 그래프**를 보면 공이 충돌해 팅길 때 속도가 완전히 바뀌며 양수가 되는 것을 알 수 있습니다. 그 뒤로 공의 속도는 줄어들다가 가장 높은 곳에서 0이 됩니다. 그런 후 아래를 향해 가속하기 시작합니다. 그래프에서 속도가 점점 작아지는 것을 볼 수 있습니다.

② 소리나 열의 형태로 에너지를 잃으면서 공이 튀는 최고 속도는 줄어듭니다. 속도-시간 그래프의 기울기는 항상 음수이며 공이 튈 때를 제외하면 일정합니다.

③ 이 기울기는 중력에 의한 가속을 나타내며 충돌 시의 짧은 시간을 제외하면 일정합니다.

등가속도 운동

입자가 운동하는 동안 가속도가 일정하면 간단한 공식으로 운동을 예측할 수 있습니다.
중력의 영향을 받는 운동처럼 속도가 일정하게 커지는 운동을 등가속도 운동이라고 합니다.

운동 방정식

초기 속도 u에서 최종 속도 v까지 t초 동안 입자의 속도가 일정하게 커지는 간단한 속도-시간 그래프로 운동 방정식을 유도할 수 있습니다. 많은 나라에서 이 방정식을 SUVAT 방정식이라고 부릅니다. 각각의 알파벳은 다음 변수를 뜻합니다. s는 거리, u는 초기 속도, v는 시간이 t일 때의 속도, a는 가속도, 그리고 t는 시간입니다. 이 방식이 훨씬 빠르고 기억하기에도 좋습니다.

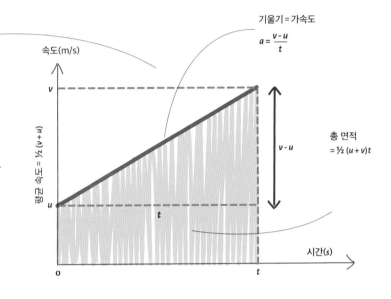

가속도 a는 기울기로 계산할 수 있습니다.

$$a = \frac{v-u}{t}$$

변위 s는 직선 아래(사다리꼴)의 넓이로 계산할 수 있습니다. 사다리꼴의 넓이는 직사각형의 넓이 구하는 방법을 이용해 길이가 서로 다른 두 변의 평균 길이에다가 폭을 곱해서 구할 수 있습니다. 그래프로 보면 입자의 평균 속도를 구한 뒤 움직인 시간 t를 곱하는 것과 같습니다.

그 결과는 다음과 같습니다.

$$s = \frac{1}{2}(u+v)t$$

이 두 공식을 합하면 다음과 같은 두 공식을 얻을 수 있습니다.

$$s = ut + \frac{1}{2}at^2$$

$$v^2 = u^2 + 2as$$

이 네 공식을 통틀어 운동 방정식이라고 부릅니다. 물리학자는 초기 속도와 가속도, 이동 시간 등의 초기 상태가 있으면 이 공식을 이용해 입자의 운동을 예측할 수 있습니다. 이 공식은 입자의 가속도가 일정하고 세 가지 초기 정보를 알고 있을 때만 사용할 수 있습니다.

중력을 받아 운동하는 물체를 다룰 때 가속도 a는 중력가속도 g(9.8m/s²)로 바꾸어 씁니다.

포물체 운동

포물체는 중력의 영향만 받아 가속하는 입자를 말합니다. 높은 곳에서 **떨어지는** 물체나 위쪽으로 **던진** 물체, 혹은 수직이나 수평이 아닌 **비스듬한** 각도로 발사한 물체 등이 모두 해당합니다. 일단 운동을 시작한 뒤에는 오로지 중력만이 물체의 경로에 영향을 끼칩니다. 이 단계에서 공기의 저항은 무시합니다. 포물체의 경로는 **궤적**이라고 하며 물체를 던지는 속도와 각도에 따라 달라집니다.

만약 어떤 물체를 떨어뜨리면 아래를 향해 가속합니다. 중력을 받은 물체의 수직 속도 vy는 9.8m/s^2의 가속도로 커집니다.

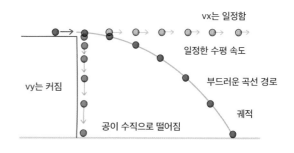

vx는 일정함

일정한 수평 속도

부드러운 곡선 경로

궤적

vy는 커짐

공이 수직으로 떨어짐

만약 똑같은 높이에서 수평으로 발사한다면, 물체가 땅에 떨어지는 데 걸리는 속도는 똑같습니다. 하지만 수평 속도 성분 vx도 갖게 되며, 이는 물체가 땅에 떨어질 때까지 일정합니다. 그 결과 vy가 커지면서 생기는 궤적은 **포물선**이라는 부드러운 곡선이 됩니다.

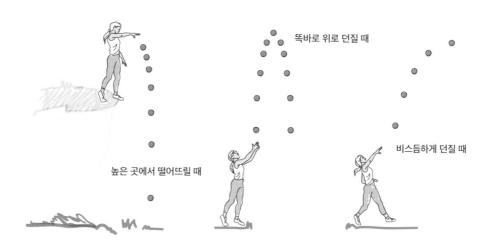

똑바로 위로 던질 때

비스듬하게 던질 때

높은 곳에서 떨어뜨릴 때

포물체가 수평으로 움직이는 거리를 흔히 **사거리**라고 부릅니다. 사거리 x는 물체의 수평 속력과 허공에 떠 있는 시간에 의해 정해집니다. 포물체의 **상승**(올라감)과 **하강**(내려옴) 시간은 서로 같으며, 최고 높이에 따라 달라집니다. 허공을 나는 총 시간을 **체공 시간**이라 부릅니다. 만약 어떤 물체를 같은 속력이지만 다른 각도로 발사한다면, 사거리는 달라집니다. 포물체의 사거리는 체공 시간과 수평 속력을 곱해서 구할 수 있습니다. 그리고 속력이 같을 때 가장 멀리 날아가는 각도는 45도입니다.

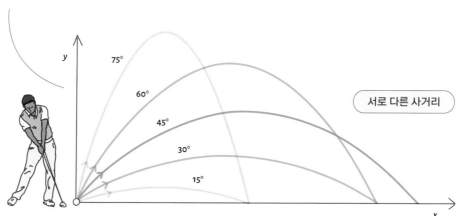

서로 다른 사거리

y

75°

60°

45°

30°

15°

x

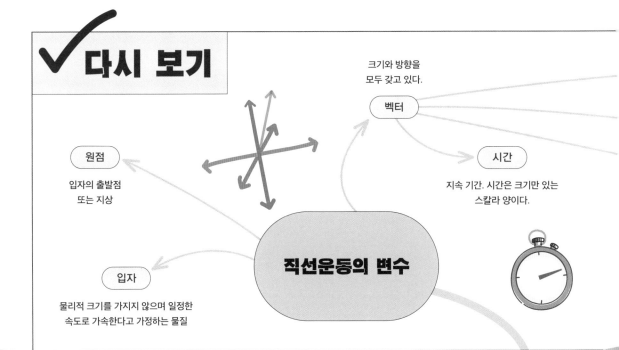

다시 보기

크기와 방향을
모두 갖고 있다.

벡터

시간

지속 기간. 시간은 크기만 있는
스칼라 양이다.

원점

입자의 출발점
또는 지상

직선운동의 변수

입자

물리적 크기를 가지지 않으며 일정한
속도로 가속한다고 가정하는 물질

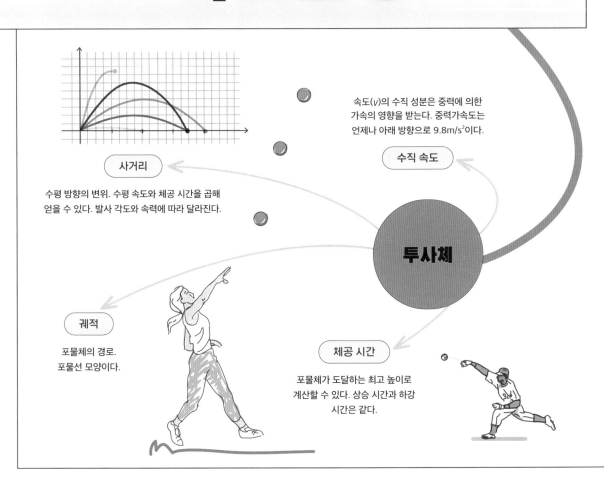

직선운동

속도(v)의 수직 성분은 중력에 의한
가속의 영향을 받는다. 중력가속도는
언제나 아래 방향으로 9.8m/s²이다.

수직 속도

사거리

수평 방향의 변위. 수평 속도와 체공 시간을 곱해
얻을 수 있다. 발사 각도와 속력에 따라 달라진다.

투사체

궤적

포물체의 경로.
포물선 모양이다.

체공 시간

포물체가 도달하는 최고 높이로
계산할 수 있다. 상승 시간과 하강
시간은 같다.

속도(u와 v)

운동하는 입자의 빠르기

변위(s)

원점에 대한 입자의 위치

가속도(a)

입자가 움직이는 동안 생기는 속도의 변화

운동-시간 그래프

속도-시간 그래프

기울기는 입자의 가속도를 나타낸다.
1차원에서 속도가 음수라는 건 입자가
거꾸로 움직이고 있다는 뜻이다.

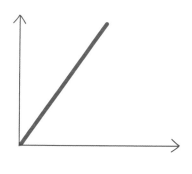

운동 방정식

운동 그래프에서
유도한 직선운동의
네 가지 주요 방정식
u는 초기 속도,
v는 최종 속도, a는
가속도, t는 시간을
나타낸다.

$$a = \frac{v - u}{t}$$

$$s = \frac{1}{2}(u + v)t$$

$$s = ut + \frac{1}{2}at^2$$

$$v^2 = u^2 + 2as$$

변위-시간 그래프

기울기는 입자의 속도를 나타낸다.
1차원에서 변위가 음수라는 건 입자가
원점의 왼쪽에 있다는 뜻이다.

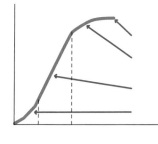

3장

회전운동

물체는 외부의 힘이 작용하지 않는 한 직선으로 움직입니다.
앞서 살펴보았듯이, 힘이 운동 방향을 따라 작용하면, 물체는 뉴턴의
운동 제2법칙 $F=ma$에 따라 가속하거나 감속합니다. 물체가 원을
그리며 운동하려면 언제나 물체의 속도와 수직인, 원의 중심을
향하는 힘이 작용해야 합니다. 이 힘은 다양한 방식으로 작용할 수
있으며, 접촉력일 수도 비접촉력일 수도 있습니다.

회전운동의 사례

원을 그리며 운동하는 물체는 핵 주위를 움직이는 전자 같은 양자역학 세계의 입자에서
별 주위를 도는 행성처럼 거대한 존재에 이르기까지 여러 가지가 있습니다.

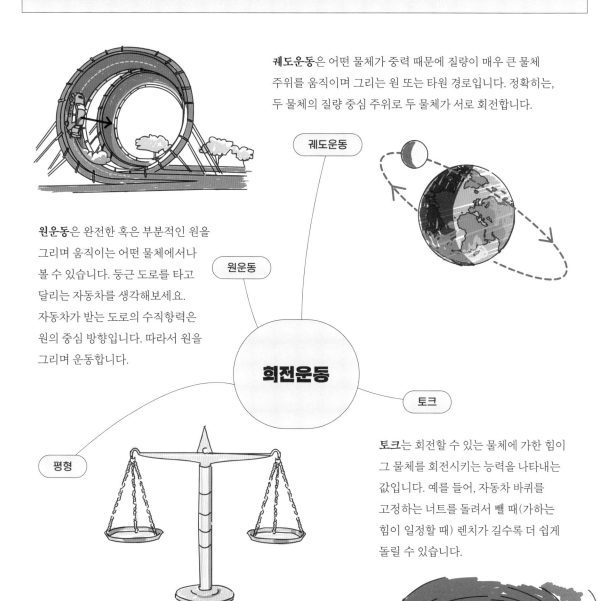

궤도운동은 어떤 물체가 중력 때문에 질량이 매우 큰 물체
주위를 움직이며 그리는 원 또는 타원 경로입니다. 정확히는,
두 물체의 질량 중심 주위로 두 물체가 서로 회전합니다.

궤도운동

원운동은 완전한 혹은 부분적인 원을
그리며 움직이는 어떤 물체에서나
볼 수 있습니다. 둥근 도로를 타고
달리는 자동차를 생각해보세요.
자동차가 받는 도로의 수직항력은
원의 중심 방향입니다. 따라서 원을
그리며 운동합니다.

원운동

회전운동

토크

평형

토크는 회전할 수 있는 물체에 가한 힘이
그 물체를 회전시키는 능력을 나타내는
값입니다. 예를 들어, 자동차 바퀴를
고정하는 너트를 돌려서 뺄 때(가하는
힘이 일정할 때) 렌치가 길수록 더 쉽게
돌릴 수 있습니다.

평형은 어떤 물체가 한 점을 중심으로 회전할 수 있지만 균형이
맞아서 움직이지 않는 상태를 말합니다. 양팔 저울을 생각해보세요.
양쪽 팔은 가운데를 중심으로 각각 시계방향이나 반시계방향으로
회전할 수 있습니다. 하지만 양쪽의 균형이 맞을 때는 어느
쪽으로도 회전하지 않습니다.

원운동

원을 그리는 모든 운동은 끊임없이 방향이 바뀝니다. 속도는 크기와 방향으로 이루어진 벡터입니다.
가속도는 속도(v)가 변하는 정도를 나타냅니다. 물체가 원을 그리며 움직일 때는 속도의 한
성분(방향)이 언제나 변하고 있으므로 비록 속력이 일정하다고 해도 가속하고 있는 것입니다.

이것을 **구심가속도**라고 합니다.
이 단계에서는 물체의 속력이
변하지 않는다고 가정합니다.
물체가 가속하고 있으므로
$F=ma$에 의해 반드시 힘이
있어야만 합니다. 이 힘의 원천은
어떤 상황이냐에 따라 다양하며,
구심력이라고 부릅니다. 가속을
일으키는 힘은 언제나 원의
중심을 향하고 있습니다.

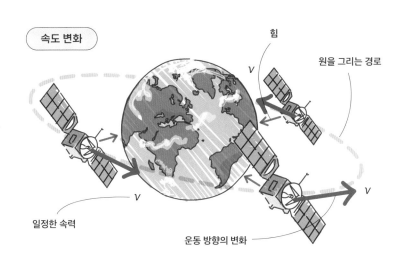

속도 변화

힘

원을 그리는 경로

v

v

일정한 속력

운동 방향의 변화

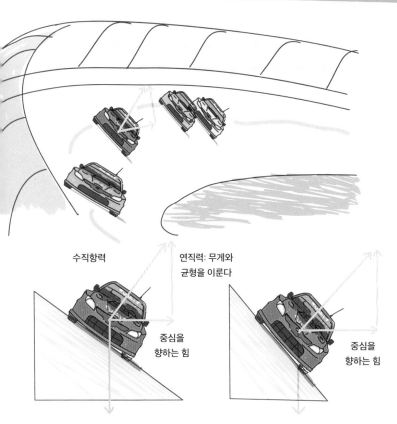

수직항력

연직력: 무게와
균형을 이룬다

중심을
향하는 힘

중심을
향하는 힘

데이토나 경주

데이토나 경기장은 원형 띠가
비스듬히 놓인 것처럼 생겼기
때문에 자동차가 훨씬 빠르게 달릴
수 있습니다. 비행기가 공중에서
회전할 때처럼 기울어진 도로 위에
놓인 자동차는 도로에서 비스듬한
수직항력(접촉력)을 받습니다. 그
힘의 한 성분은 원의 중심 방향으로
작용하며 자동차가 미끄러지지 않는
데 필요한 힘을 상당량 제공합니다.
나머지는 타이어와 도로 사이의
마찰력이 제공합니다.

도로가 가파를수록 원의 중심을 향해
작용하는 힘은 더 커지고, 자동차는
훨씬 더 빠르게 달릴 수 있어 경사
아래로 미끄러지지 않을 수 있습니다.

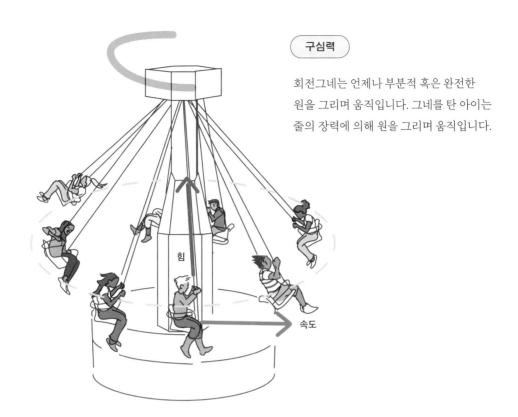

회전그네는 언제나 부분적 혹은 완전한 원을 그리며 움직입니다. 그네를 탄 아이는 줄의 장력에 의해 원을 그리며 움직입니다.

힘

속도

기울어진 비행기

만약 비행기가 한쪽으로 기울어진다면 날개에 의해 생기는 **양력**이 똑바로 위쪽을 향하지 않게 되고, 비행기의 무게와 균형을 이루는 **연직력**과 비행기가 원을 그리며 회전하게 하는 **수평력**(빨간 화살표)으로 나뉘게 됩니다. 수평일 때는 비행기가 계속해서 똑바로 날아갑니다.

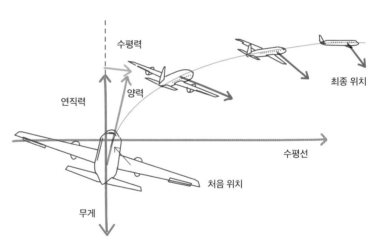

수평력

양력

연직력

최종 위치

수평선

처음 위치

무게

해머던지기

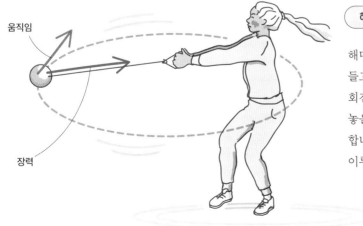

움직임

장력

해머던지기 선수는 줄에 매달린 해머를 들고 원을 그리며 돕니다. 줄의 장력은 회전의 중심을 향하며 선수가 줄을 놓을 때까지 해머가 원을 그리며 돌게 합니다. 해머는 원의 반지름과 90도를 이루는 직선을 그리며 날아갑니다.

궤도운동

만약 별 주위를 도는 행성의 궤도가 완벽한 원이라면 행성의 속력은 일정합니다. 그러나 벡터의 방향 성분이
변하기 때문에 가속도는 항상 바뀝니다. 따라서 행성은 궤도 중심에 있는 별을 향해 항상 가속합니다.
별과 행성 사이의 중력은 행성이 궤도 위에 있게 해주는 구심력을 제공합니다.

궤도 속도

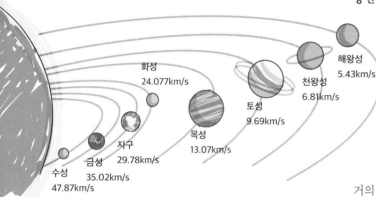

행성이 한 바퀴 도는 데 걸리는 시간을
공전주기라 합니다. 공전주기는 궤도
반지름과 중심별의 질량에 따라
달라집니다. 지구의 공전주기는
약 365일로, 우리는 이 시간을
1년으로 정했습니다.

지구의 **궤도 경로**는 완벽한
원에 매우 가깝습니다. 따라서
지구에서 태양까지의 거리는
거의 변하지 않습니다. 이 덕분에 평균
세계 기온은 지구의 역사에 걸쳐 비교적
안정적이었습니다.

지구의 궤도

지구에서 계절에 따라 기온이 변하는 건 1년 주기로
궤도를 움직이는 지구의 위치 때문입니다. 지구의
자전축이 수직에서 약 23.5도 기울어 있어서 4월부터
9월까지는 북반구가 태양 빛을 더
많이 받고 10월부터 3월까지는
반대가 됩니다.

지구는 24시간에 한 번씩 이
축을 중심으로 회전합니다.
태양 빛은 지구의 한쪽 면만
비추기 때문에 낮과 밤이
생기지요.

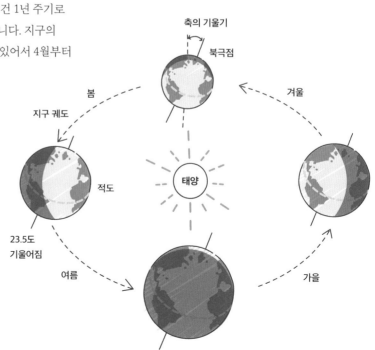

공전주기

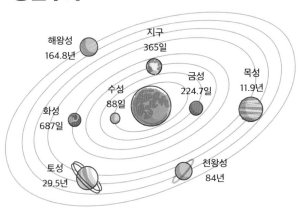

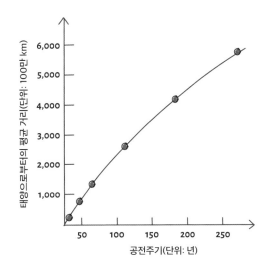

독일 천문학자 **요하네스 케플러**Johannes Kepler(1571~1630)는 밤하늘에서 눈에 보이는 행성의 움직임을 예측하기 위해 **궤도 반지름**과 공전주기 사이의 관계를 공식으로 만들었습니다. 케플러는 뉴턴과 같은 시대 사람이었고, 뉴턴의 중력 법칙과 자신의 관측 결과를 결합해 다음과 같은 공식을 만들었습니다. T는 공전주기, M은 태양의 질량, r은 궤도 반지름입니다. G는 만유인력상수로 6.67×10^{-11}입니다.

이 공식 덕분에 물리학자들은 태양계 모든 행성의 공전궤도를 아주 정확하게 구할 수 있었습니다.

$$T^2 = \frac{4\pi^2}{GM} r^3$$

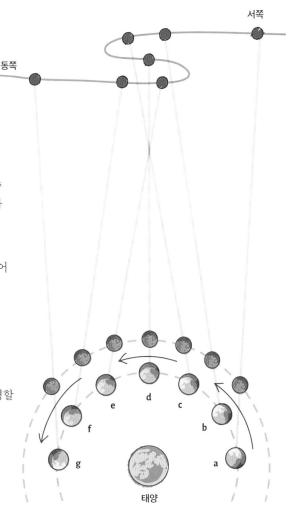

역행

케플러가 행성 운동의 법칙을 만들기 한참 전에 폴란드의 수학자이자 천문학자였던 **니콜라우스 코페르니쿠스**Nicolaus Copernicus(1473~1543)는 태양계의 중심이 지구(**천동설**)가 아니라 태양(**지동설**)이라고 주장하며 천문학의 혁명을 일으켰습니다. 코페르니쿠스는 1543년 밤하늘에서 보이는 화성의 움직임을 설명하기 어렵다는 사실을 주요 근거로 들어 자신의 이론을 발표했습니다.

지구에서 밤에 화성을 보면 화성은 역행이라는 움직임을 보입니다. 한쪽으로 움직이다가 다시 잠시 거꾸로 움직이며 작은 고리를 그리는 것이지요. 케플러의 관측 덕분에 행성의 속도와 궤도 경로를 이해할 수 있게 되기 전까지는 쉽게 설명할 수 없는 문제였습니다.
동심원을 이루는 지구와 화성의 궤도와 관측할 때의 상대 속도를 보면 이 수수께끼 같은 현상이 왜 일어나는지 쉽게 알 수 있습니다.

토크

회전할 수 있는 점에 단단한 막대로
힘을 가할 때 생기는 힘을 **토크**라고
합니다. 물체를 움직일 때 **한 일의 양**
W는 **가한 힘** F에 **거리** s를 곱한 값으로
정의합니다($W=Fs$).
만약 가한 힘의 방향이 원을 그리는
경로의 반지름과 수직이라면,
중심으로부터의 거리가 더 멀수록
이동 경로도 길어집니다. 즉, 똑같은
일을 한다고 할 때 s가 늘어남에 따라
회전하는 데 필요한 힘은 줄어듭니다.

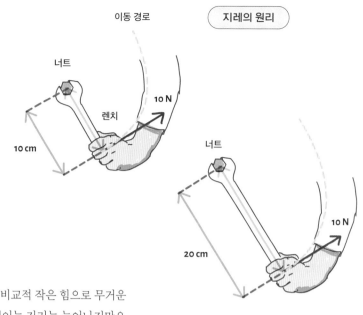

지레의 원리

이동 경로

너트

렌치

10 N

10 cm

너트

20 cm

10 N

이것이 바로 **지레의 원리**입니다. 지레는 비교적 작은 힘으로 무거운
물체를 들을 수 있게 해줍니다. 비록 움직이는 거리는 늘어나지만요.
긴 렌치가 돌리기에 더욱 쉬운 이유입니다.

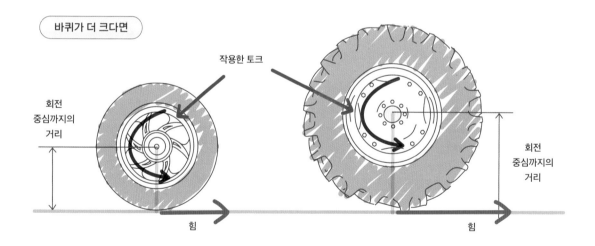

바퀴가 더 크다면

작용한 토크

회전
중심까지의
거리

회전
중심까지의
거리

힘

힘

자동차는 축을 이용해 엔진에서 나오는 회전력을 바퀴로 전달합니다. 자동차가 앞으로 나갈 수 있는 건 바퀴와
도로 사이의 마찰력 때문입니다. 이 마찰력은 운동 축에 90도 방향으로 작용합니다. 만약 트랙터처럼 바퀴가 크면
반지름도 크기 때문에 엔진에서 나오는 힘이 같아도 토크가 더 큽니다. 그러나 바퀴가 커진 만큼 바퀴의 둘레도
커지므로 앞으로 움직이는 속도는 훨씬 느려집니다.

물리학에서 에너지는 언제나 보존됩니다. 그리고 에너지를 옮기기 위해서는 힘이 필요합니다. 회전하는
물체에서는 옮긴 에너지가 가한 힘에 회전축으로부터의 최단 거리(90도를 이룰 때)를 곱한 값에 비례합니다.

회전운동과 동역학

방해하는 힘이 없으면 회전하는 물체는 중심점 주위를 빙빙 돌곤 합니다.
그러나 어떨 때는 중심점 주위로 균형이 맞아떨어져 움직이지 않게 됩니다. 이를 **평형**이라고 합니다.

움직이는 물체

회전운동은 몇 가지 변수로 설명할 수 있습니다. 물리학자는 **순간 속도** v, **회전 반지름** r, **구심가속도** a, **각속도**(초당 움직이는 각도) ω 등을 측정합니다. 한 바퀴 도는 데 걸리는 시간은 주기라고 하고 T로 나타냅니다. 원을 그리며 움직이는 물체의 구심가속도는 다음 공식으로 구할 수 있습니다.

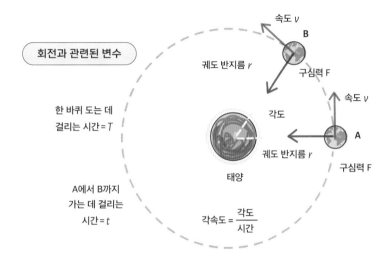

회전과 관련된 변수

한 바퀴 도는 데 걸리는 시간 = T

A에서 B까지 가는 데 걸리는 시간 = t

속도 v
B
궤도 반지름 r
구심력 F

속도 v
각도
A
궤도 반지름 r
구심력 F

태양

각속도 = $\dfrac{각도}{시간}$

$$a = \frac{v^2}{r} \quad \text{또는} \quad a = r\omega^2$$

뉴턴의 운동 제2법칙에 따르면, 구심력은 다음과 같습니다.

$$F = \frac{mv^2}{r} \quad \text{또는} \quad F = mr\omega^2$$

m은 kg으로 나타낸 물체의 질량입니다.

이 관계는 회전하는 물체가 그리는 경로를 좌우합니다. 반지름이 똑같을 때 질량이 커지면 힘은 그에 정비례하여 커집니다. 하지만 물체의 속력이 커지려면 힘은 훨씬 더 커져야 합니다. 질량이 똑같을 때 물체가 더 큰 원을 그리면 속력이 줄어들고, 그에 필요한 구심력도 줄어듭니다.

자동차가 일정한 속력으로 원을 그린다고 상상해보세요. 도로와 타이어 사이의 마찰력은 구심력을 제공합니다. 만약 원이 작아지면, 자동차가 원을 그리며 운동하는 데 필요한 힘은 더 커집니다. 구심력이 최대 마찰력보다 커지면, 자동차는 미끄러져 버립니다.

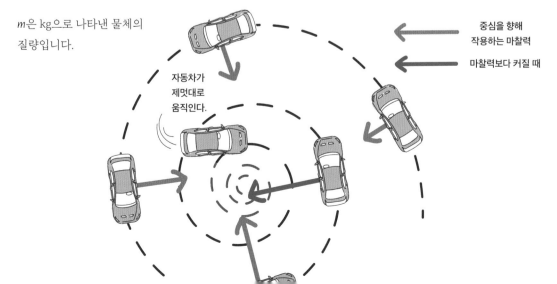

자동차가 제멋대로 움직인다.

중심을 향해 작용하는 마찰력

마찰력보다 커질 때

47

정역학

앞서 살펴보았듯이 어떤 물체는 힘을 받으면 중심점을 기준으로 회전합니다. 그러나 방향이 반대인 두 번째 힘이 있고 첫 번째 힘과 정확하게 균형이 맞는다면, 물체는 움직이지 않습니다. 이를 다루는 분야를 정역학이라고 합니다.

중심점

$W_bY > W_gX$

회전

중심점

W_g

W_b

> 놀이터의 시소를 상상해보세요. 한쪽 끝에 아이가 앉으면 시소는 가운데를 중심(축이라고 부를 수 있습니다)으로 그쪽 끝이 땅에 닿을 때까지 움직입니다. 만약 반대쪽에 더 무거운 아이가 앉으면 불균형이 일어나고 시소는 반대 방향으로 움직입니다.

이런 회전에 영향을 끼치는 건 아이들의 몸무게와 각 아이가 **중심점**으로부터 떨어져 있는 거리의 조합입니다. 이것을 토크라 부르며 힘 F와 중심점으로부터의 거리 x의 곱으로 나타냅니다($T=Fx$).

회전 모멘트는 시계 방향일 수도 반시계 방향일 수도 있습니다. Nm(뉴턴미터)로 나타내며, 에너지와 기본 단위가 같습니다.

토크 균형 원리에 따르면, 시계 방향 토크의 합과 반시계 방향 토크의 합이 똑같을 때 균형이 맞아 회전하지 않습니다. 이 원리를 이용해 몸무게가 더 많이 나가는 아이를 시소의 중심에 가깝게 앉힌다면 중심점으로부터 떨어져 있는 거리가 줄어들면서 그 아이의 토크가 줄어듭니다. 어느 거리에서는 시계 방향과 반시계 방향의 토크가 똑같아지면서 시소가 균형을 이루게 됩니다.

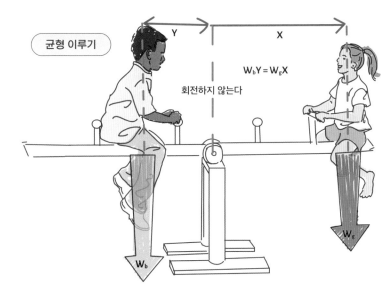

균형 이루기

$W_bY = W_gX$

회전하지 않는다

W_g

W_b

토크의 균형

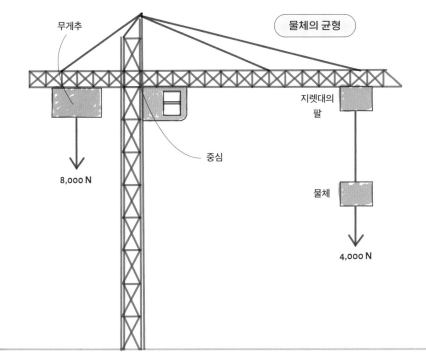

무게추

물체의 균형

지렛대의 팔

중심

물체

8,000 N

4,000 N

크레인은 **토크 균형 원리**를 이용해 균형을 잡으며 무거운 물체를 들어 올립니다. 물체를 들어 올릴 때 커다란 무게추와 중심점 사이의 거리를 조절합니다. 그렇게 하여 들어 올리는 물체가 만드는 시계 방향의 토크와 무게추가 만드는 반시계 방향의 토크가 정확하게 같아지게 하지요.

비록 회전이 일어나지는 않지만 다리를 건너는 트럭도 **균형 잡힌 회전**의 사례입니다. 다리의 교각은 다리와 다리를 건너는 트럭의 무게를 지탱합니다. P를 중심점이라고 생각해보세요. 다리와 트럭의 무게는 둘 다 반시계 방향의 토크를 만듭니다. 이 토크는 첫 번째 교각의 반작용력 F_A와 다리 길이의 곱으로 나타나는 시계 방향의 토크와 균형을 이룹니다.

트럭이 다리를 건너는 동안 반작용력 F_A와 F_B는 계속 변하며 균형을 유지해 다리는 안정적으로 서 있을 수 있습니다.

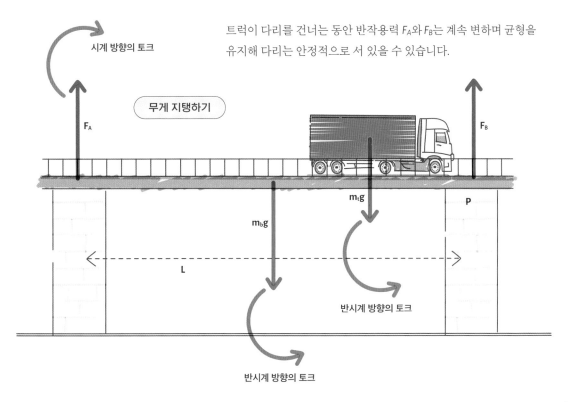

시계 방향의 토크

무게 지탱하기

F_A

F_B

$m_b g$

$m_t g$

P

L

반시계 방향의 토크

반시계 방향의 토크

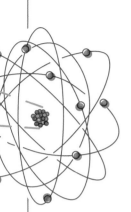

그네에 탄 아이는 줄의 장력 때문에
원을 그리며 운동한다.

힘의 종류

구심력

전자는 정전기력에
의해 양성자에 이끌려
궤도에 머문다.

정전기력

원운동

마찰력

타이어와 도로 사이의
마찰력 덕분에 자동차가
회전할 수 있다.

중력

행성은 두 질량 사이의
인력인 중력 때문에 별
주위를 돈다.

회전운동

회전 모멘트

회전할 수 있는 단단한
물체에 가한 힘과 힘의 작용
방향과 수직인 거리의 곱

구심가속도

운동의 중심 방향으로
작용하는 외부의 힘이 있다면
물체는 중심을 향해 가속한다.

$$a = \frac{v^2}{r} \text{ 또는 } a = r\omega^2$$

정역학

회전 동역학

정역학적 평형

시계 방향 토크의 합과 반시계 방향 토크의
합이 같을 경우에 일어난다.

구심력

원을 그리는 경로 중심을 향해 작용하는 힘은
줄의 장력과 같은 원리로 생긴다.

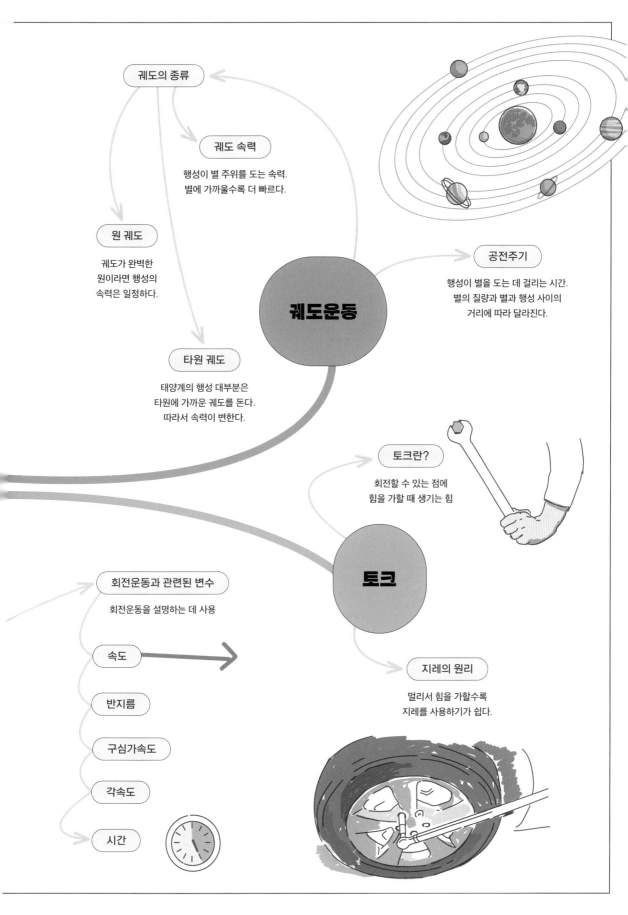

궤도의 종류

궤도 속력
행성이 별 주위를 도는 속력.
별에 가까울수록 더 빠르다.

원 궤도
궤도가 완벽한
원이라면 행성의
속력은 일정하다.

공전주기
행성이 별을 도는 데 걸리는 시간.
별의 질량과 별과 행성 사이의
거리에 따라 달라진다.

궤도운동

타원 궤도
태양계의 행성 대부분은
타원에 가까운 궤도를 돈다.
따라서 속력이 변한다.

토크란?
회전할 수 있는 점에
힘을 가할 때 생기는 힘

토크

회전운동과 관련된 변수
회전운동을 설명하는 데 사용

속도

반지름

구심가속도

각속도

시간

지레의 원리
멀리서 힘을 가할수록
지레를 사용하기가 쉽다.

51

4장

보존 법칙

우주의 모든 것은 물리법칙의 지배를 받습니다. 물리학자들은 이런 법칙을 이해하고 에너지와 운동량, 전하와 같은 여러 양을 바탕으로 현상을 예측합니다. 물리학에서 깨질 수 없는 법칙 하나는, 닫힌계 안에서 특정 양은 변하지 않거나 보존된다는 것입니다. 예를 들어, 우주에는 일정한 양의 에너지가 있습니다. 에너지는 다른 형태의 에너지로 바뀔 수는 있지만, 절대로 생겨나거나 사라지지 않습니다.

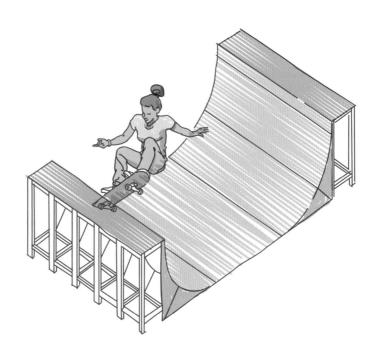

보존 법칙의 종류

물리학에는 다양한 상호작용의 결과를 끌어내는 절대적인 규칙이 있습니다.
어떤 물리적 양은 언제나 보존됩니다. 여기서는 그중에서 가장 중요한 양을 다루겠습니다.
에너지와 선운동량, 각운동량, 전하입니다(65, 72, 157쪽도 참조하세요).

각운동량은 물체의 회전 속력(1초당 각도의 변화로 측정합니다)과 관성모멘트 I의 곱으로 정의합니다. 물체의 관성모멘트는 회전 속력이 변화(빠르게 하거나 느리게 하거나)에 저항하는 정도를 말합니다.

선운동량은 물체가 충돌할 때 항상 보존됩니다. 어떤 계 안에서 각 질량과 속도를 곱한 값의 합은 일정하며, 충돌 전이나 후에도 그대로입니다. 뭉쳐 있는 당구공에 부딪친 하얀 당구공은 자신의 운동량을 다른 당구공에 나누어 줍니다.

각운동량

선운동량

보존 법칙

전하

에너지

전하는 어떤 계가 변화를 겪을 때도 항상 보존됩니다. 예를 들어, 중수소와 삼중수소(수소의 동위원소)가 융합하면 헬륨이 되며 중성자와 에너지가 나옵니다. 융합 전에는 나뉘어 있는 핵 안에 총 두 개의 양성자가 있고 합쳐서 양의 전하를 띠고 있습니다. 융합 뒤에도 헬륨 핵 안에는 양성자가 두 개 있고, 그대로 같은 양의 전하를 띱니다.

에너지는 화학, 운동, 열, 빛 등 다양한 형태로 존재합니다. 닫힌계(에너지가 계 안으로 들어오거나 밖으로 나가지 못합니다) 안에 있는 에너지의 총량은 일정하며 사라지지는 않지만 다른 형태로 바뀔 수는 있습니다. 양초는 화학 에너지를 담고 있습니다. 불을 켜면, 이 에너지는 열과 빛, 소리(치직거리는 소리)로 바뀝니다.

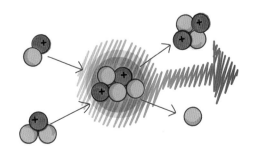

닫힌계

측정할 수 있는 여러 물리량은 우리가 관찰하는 사건의 결과를 예측할 수 있게 해줍니다. 이런 물리량에는 위치, 운동량, 계 안에 있는 입자의 에너지 총합 등이 있습니다. 어떤 계가 닫혀 있다고 한다면, 그건 에너지나 질량의 이동이 없다는 뜻입니다. 그리고 계에는 기체 입자 같은 다수의 물체가 들어 있을 수도 있고, 농구공처럼 하나의 물체가 들어 있을 수도 있습니다.

닫힌계 안에서 에너지, 전하, 선운동량과 각운동량은 입자에서 입자로 이동할 수(실제로 이동하고) 있지만, 그 총합은 언제나 일정합니다.

공기로 가득 차 있으며 단열이 완벽하게 이루어진 통은 닫힌계의 한 예입니다. 통 안에 있는 공기 입자에서 열을 빼앗아올 수도 없고 열을 더 전해줄 수도 없습니다. 안에 있는 입자들끼리는 에너지를 주고받을 수 있지만, 계 안의 전체 에너지 합은 일정합니다.

완벽히 닫힌계

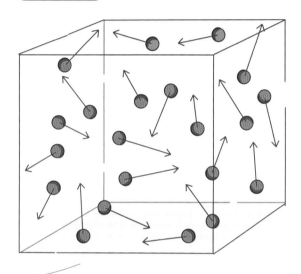

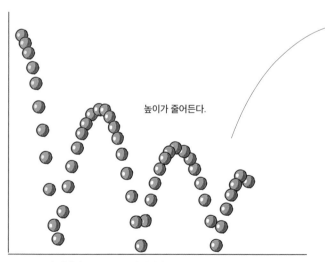

높이가 줄어든다.

소리 에너지　　　소리 에너지　　　소리 에너지

바닥에 튕기는 공은 주변의 공기와 바닥과 함께 닫힌계로 생각할 수 있습니다. 공이 튕기면 빼앗긴 에너지는 소리와 열의 형태로 주위에 퍼집니다. 따라서 공의 운동량은 줄어들다가 결국 0이 됩니다.

현실에서는 이론처럼 완전히 닫혀 있거나 고립된 상황을 찾기 어렵습니다. 우주 전체가 이어져 있기 때문에 항상 에너지의 교환이 일어납니다. 하지만 고립 상황을 가정하면 전체 계를 예측하는 데 필요한 모형을 만드는 것에 도움이 됩니다.

에너지 보존

에너지는 운동에너지, 퍼텐셜(위치)에너지, 열에너지, 빛에너지, 화학에너지 등 다양한 형태로 존재합니다. 에너지는 그때그때 다른 형태로 바뀔 수 있으며, 입자에서 입자로 옮겨 다닙니다. 생겨나거나 사라지지 않는다는 건 에너지의 근본적인 성질입니다.

움직이는 물체에는 **운동에너지**와 운동량이 있습니다. 진공이 아닌 한 물체는 입자를 포함하고 있는 유체(물과 같은)를 뚫고 움직이게 됩니다. 그러면 입자에 의해 운동 방향과 반대로 작용하는 마찰력이 발생합니다.

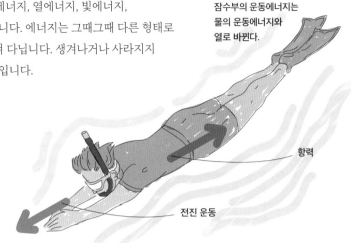

잠수부의 운동에너지는 물의 운동에너지와 열로 바뀐다.

항력

전진 운동

잠수부는 물과 직접 접촉해 에너지를 전달합니다. 잠수부의 운동에너지는 물 입자의 운동에너지로 바뀌어 물의 온도가 올라갑니다. 앞으로 작용하는 힘이 없다면, 잠수부의 몸은 에너지를 잃으며 느려집니다.

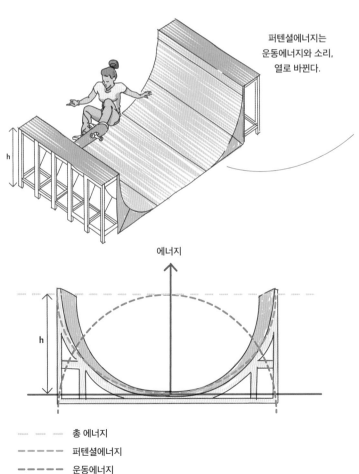

퍼텐셜에너지는 운동에너지와 소리, 열로 바뀐다.

에너지

h

총 에너지

퍼텐셜에너지

운동에너지

질량이 m인 사람이 스케이트보드를 타고 높이 h인 경사로를 올라가면 **퍼텐셜에너지**를 얻습니다($PE=mgh$). 이 퍼텐셜에너지는 중력 g에 의해 경사로에서 가속하며 내려올 때 운동에너지($KE=\frac{1}{2}mv^2$)로 바뀝니다. 이 에너지의 일부는 공기 입자로 옮겨가 소리가 됩니다. 퍼텐셜에너지는 전부 스케이트 타는 사람의 운동과 마찰을 통한 공기의 온도 상승에 쓰입니다.

모든 계에서는 시간이 지나면서 에너지가 다양한 형태(주로 열과 소리)로 바뀌면서 더 넓게 퍼집니다. 보통 에너지 전환 과정은 거꾸로 되돌릴 수 없고, 전체 계는 점점 더 무질서해집니다. 이것을 **엔트로피**라고 합니다. 그러나 에너지가 다른 형태로 바뀌면서 계가 혼란스러워진다고 해도 에너지의 총량은 일정합니다.

충돌

보존 법칙은 에너지 교환, 열 이동, 불안정한 원자핵의 방사성 붕괴와 같은 물리적 과정의 결과를 예측할 수 있게 해줍니다.

어떤 계 안에서 물체가 상호작용할 때 에너지와 운동량의 교환이 일어납니다. 그런 상호작용은 복잡하지만, 물리학자들은 상호작용하는 물체를 회전하지 않으며 정면으로 충돌하는 입자로 간주해 단순하게 만듭니다. 실제로 충돌은 언제나 정면이 아니라 **비스듬히** 일어납니다. 하지만 수많은 충돌을 평균적으로 나타내기에는 좋은 근사치입니다.

또, 입자는 **더 이상 압축할 수 없다**고 간주합니다. 단단하고 모양이 변하지 않는다는 뜻입니다. 이 역시 현실을 아주 단순화한 것입니다. 하지만 좀 더 엄밀한 모형을 만들기 위한 가정입니다.

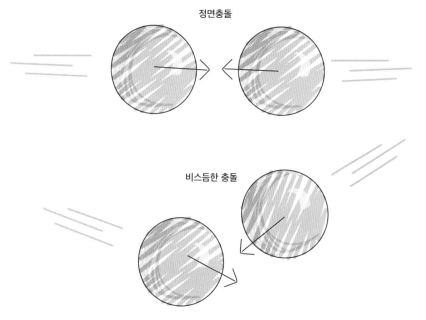

상호작용하는 물체

정면충돌

비스듬한 충돌

압축되는 공

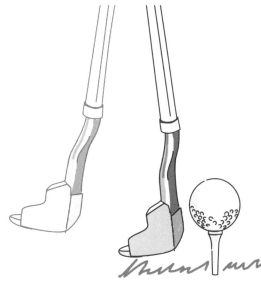

에너지를 저장하다

골프채를 휘둘러 티 위에 놓여 있는 공을 때리면 골프채에서 공으로 운동량이 이동합니다. 일부 에너지는 공이 압축되면서 **탄성 퍼텐셜에너지**로 저장됩니다. 티를 떠난 공은 팽창해 다시 본모습으로 돌아가면서 저장했던 에너지를 운동에너지로 바꾸어 앞으로 날아갑니다. 이제 공은 열로 손실된 약간의 양을 제외하고 골프채가 갖고 있던 것과 같은 운동량을 지니게 됩니다.

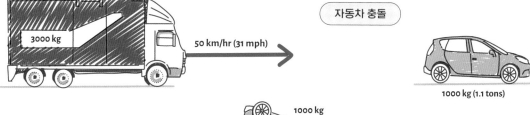

1000 kg (1.1 tons)

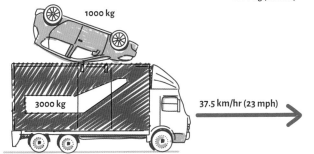

충돌에는 두 종류가 있습니다.
완전탄성충돌과 **비탄성충돌**입니다.

완전탄성충돌은 입자가 에너지를
완벽하게 교환하고 계 안에 있는 모든
입자의 운동에너지 총합에 손실이
조금도 생기지 않는 것을 말합니다.
완전탄성충돌이 일어날 때는 열과
소리의 전달이 일어나지 않습니다.
따라서 입자들은 방향만 바뀐 채
똑같은 속력으로 계속 움직입니다.

비탄성충돌의 경우에는 그렇지 않습니다. 충돌과 함께 소리와
열로 에너지가 흩어지면서 입자의 운동에너지가 줄어듭니다.
충돌 후에는 모든 입자의 운동에너지를 합한 총량이 충돌 전보다
작아진다는 뜻입니다. 에너지가 다른 형태로 바뀌면서 입자의 평균
속도는 줄어듭니다. 때로는 두 자동차의 충돌 같은 비탄성충돌에서
두 입자가 하나로 합쳐져 줄어든 속도로 움직이기도 합니다.

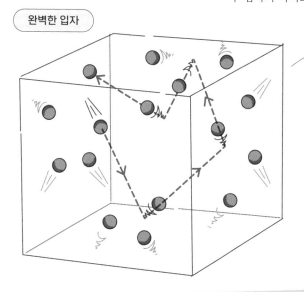

만약 충돌이 완전탄성이라면,
운동에너지와 운동량은 모두
보존됩니다. 통 속에 든 **이상
기체** 입자 사이의 상호작용은
완전탄성충돌의 한 예입니다.
이상 기체 입자들은 서로 계속
충돌하는데, 그 속도는 기체의
온도에 따라서만 달라집니다.

만약 비탄성충돌이라면,
운동량만 변하지 않습니다.

두 충돌 모두 선운동량은
항상 보존됩니다.

탄성충돌   비탄성충돌

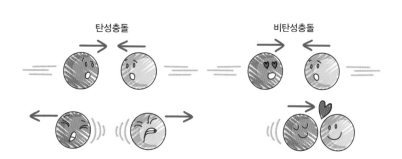

선운동량 보존

1장에서 이야기했듯이 선운동량 p는 물체의 질량과 속도를 곱한 값입니다($p=mv$). 충돌(완전탄성이든 비탄성이든)처럼 두 물체가 상호작용할 때 선운동량은 보존됩니다. 이 원리를 **선운동량의 보존**이라고 합니다.

운동량은 벡터이며, 1차원에서 그 방향은 **양수**(오른쪽) 또는 **음수**(왼쪽)가 됩니다.

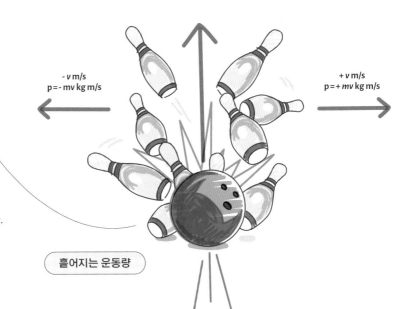

- v m/s
$p = -mv$ kg m/s

$+v$ m/s
$p = +mv$ kg m/s

흩어지는 운동량

가만히 있는 당구공을 질량이 똑같은 당구공이 양의 방향으로 와서 때렸다고 생각해봅시다. 충돌 이후 각 입자가 어떻게 운동할지는 각 입자의 질량과 에너지 전달의 효율성에 달려 있습니다.

되튀기

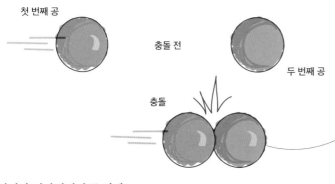

첫 번째 공

충돌 전

두 번째 공

충돌

충돌 뒤 두 공의 운동량 합은 충돌 전 첫 번째 공의 운동량과 같습니다.

에너지가 전달되면서 두 번째 공이 양의 방향으로 움직입니다.

두 공이 충돌할 때 첫 번째 공도 계속 앞으로 움직일 수 있습니다. 하지만 속도가 줄어듭니다. 혹은 되튀어 나옵니다.

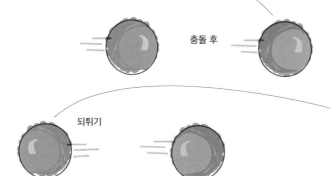

충돌 후

만약 첫 번째 공이 두 번째 공과 충돌하고 되튀어 나온다면 속도는 음수가 됩니다. 따라서 운동량도 음수가 되며, 반대 방향으로 움직입니다.

되튀기

반동

총에 장전된 총알은 발사하기 전까지는 가만히 있습니다. 따라서 속도가 0이고 운동량도 0입니다. 방아쇠를 당기면 화약에 저장되어 있던 에너지로 속도가 급격하게 커지면서 순간적으로 총알이 운동량을 얻습니다. 총은 반대 방향으로 반동을 받으며 음의 운동량을 갖게 되지만, 질량이 커서 총알보다 훨씬 느립니다. 총알과 총의 운동량은 크기는 같고 방향이 반대이므로 합하면 0이 됩니다.

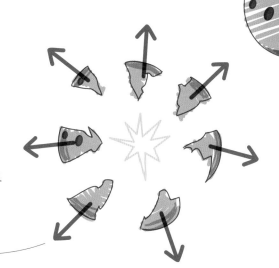

폭발

불꽃놀이 혹은 다른 어떤 폭발하는 물체에서도 운동량은 보존됩니다. 폭탄은 처음에 아무런 움직임이 없지만, 폭발하면 파편이 사방으로 똑같이 가속되어 날아갑니다. 각 파편의 방향은 모두 서로 반대이므로 운동량을 합하면 0이 됩니다.

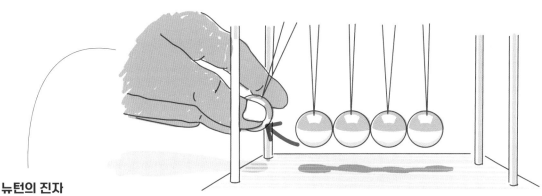

뉴턴의 진자

뉴턴의 진자는 보존 법칙을 완벽하게 보여줍니다. 추가 움직여 가만히 있는 추들을 때리면, 반대쪽에 있는 똑같은 질량의 추에 운동량이 전달됩니다. 소리를 통해 에너지가 손실되므로, 결과적으로 진자는 느려집니다.

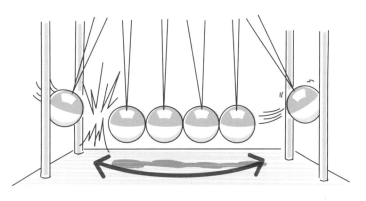

각운동량 보존

각운동량 L은 회전하는 물체의 성질로, 물체의 총 질량과 회전축으로부터 질량이 어떻게 퍼져 있는지에 따라 크기가 달라집니다. 질량이 회전 중심에 모여 있는 물체는 똑같은 주기로 회전하지만, 질량이 중심에서 더 먼 쪽에 모여 있는 물체보다 각운동량이 작습니다.

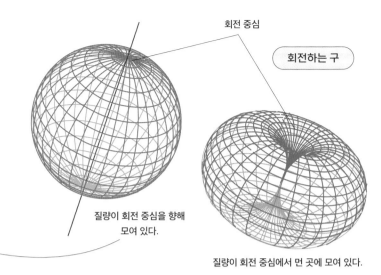

회전 중심

회전하는 구

질량이 회전 중심을 향해 모여 있다.

질량이 회전 중심에서 먼 곳에 모여 있다.

천천히 회전한다.

빠르게 회전한다.

회전하는 스케이트 선수

고립된 계 안에서 각운동량은 질량의 분포가 변해도 항상 보존됩니다.

스케이트 선수가 회전하면서 동작을 바꾸어도 각운동량은 보존됩니다. 두 팔을 안쪽으로 모으면, 회전축에서 질량까지의 평균 거리가 줄어들면서 더욱 빨리 회전합니다.

만약 회전하던 별이 수명을 다하여 수축하기 시작하면, 더 빨리 회전합니다. 충분히 무거운 일부 별은 계속 수축해 중성자성이나 블랙홀이 됩니다.

그런 별은 전파를 내보내는데, 이를 관측해 회전 속력을 알아낼 수 있습니다.

별의 질량이 점점 중심에 모이면서(질량이 우주로 날아가 버리지 않는다고 할 때) 각운동량을 보존하기 위해 회전 속력은 점점 커집니다. 어떤 죽은 별은 반지름이 줄어든 결과 1분에 4만 번 넘게 회전하기도 합니다.

회전하는 별

반지름이 크고 자전이 느리다.

반지름이 작아지며 자전이 빨라진다.

반지름이 작고 자전이 빠르다.

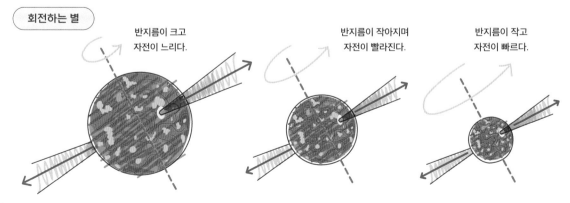

각운동량은 물체의 회전 속력과 **관성 모멘트** *I*의 곱입니다.
물체의 관성 모멘트는 어떤 방식으로든 회전 속력을
변화시키려 할 때 일어나는 저항을 말합니다.

회전하고 있는 물체에는 회전 속력과 물체의 질량 분포에
따라 정해지는 각운동량이 있습니다. 회선하는 불체의
모습이 바뀌어도 각운동량은 보존됩니다. 다이빙 선수는
몸을 가능한 한 작게 말아 몸의 질량을 집중시킬수록 더 빨리
회전할 수 있습니다.

회전하는 다이빙 선수

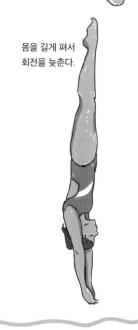

몸을 더 작게 말수록
회전이 빨라진다.

회전하는 원통

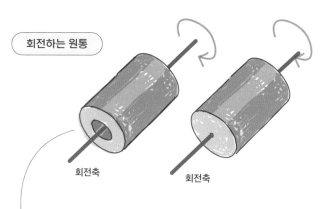

회전축　　　　회전축

크기와 밀도가 똑같은 두 원통이 있습니다. 속이 빈 원통은 속이 찬 원통보다 속력을
늦추기 더 쉽습니다. 질량은 작지만, 같은 크기의 공간을(중공을 포함해서) 차지하고 있기
때문입니다. 많이 단순화한 이야기지만, 관성 모멘트 개념을 이해하는 데 도움이 됩니다.

회전하는 팽이

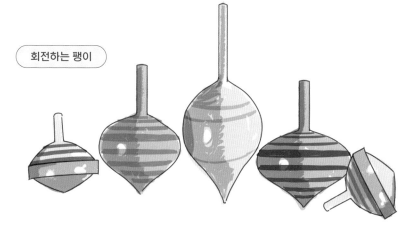

몸을 길게 펴서
회전을 늦춘다.

회전하는 팽이는 가능한 한 오래 회전하게 만들어졌습니다. 어느 한 부분이 넓고
갈수록 좁아지는 모양은 각운동량을 최대화해 오래 회전하기 위한 것입니다.
일반적으로 팽이의 폭이 넓을수록 더 오래 회전합니다.

운동량

벡터인 운동량 p는 질량 m과 속도 v의 곱이다. 선운동량과 각운동량 두 종류가 있다.

닫힌계 안의 에너지와 운동량, 전하는 항상 보존된다.

에너지

절대 사라지지 않지만, 운동, 화학, 중력, 퍼텐셜, 열, 소리, 빛 등 다른 형태로 바뀔 수는 있다.

에너지의 종류

$$p = mv$$

전하

전하는 계가 변화를 겪을 때도 보존된다.

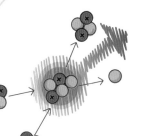

보존 법칙의 보편성

보존 법칙

각운동량

물체의 회전 속력과 관성 모멘트의 곱이다.

운동량이란?

운동량은 벡터다. 따라서 같은 속도로 서로 반대 방향으로 움직이는 동일한 두 물체의 운동량을 합하면 0이다.

운동량

질량의 분포

질량의 분포가 바뀌면 관성 모멘트도 변한다.

관성 모멘트

어떤 물체의 관성 모멘트는 회전의 변화에 저항하는 성질이다.

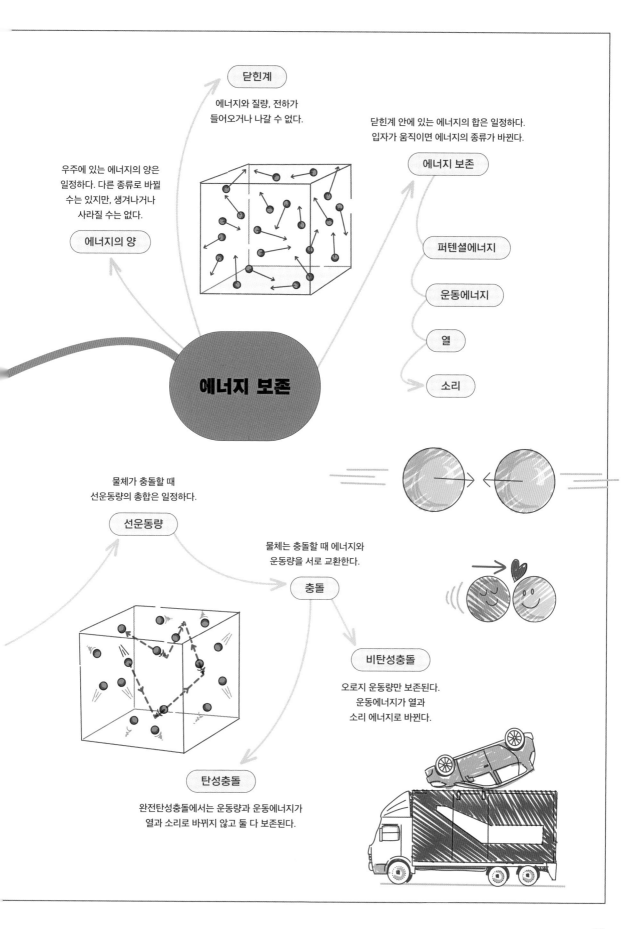

닫힌계

에너지와 질량, 전하가
들어오거나 나갈 수 없다.

닫힌계 안에 있는 에너지의 합은 일정하다.
입자가 움직이면 에너지의 종류가 바뀐다.

에너지 보존

우주에 있는 에너지의 양은
일정하다. 다른 종류로 바뀔
수는 있지만, 생겨나거나
사라질 수는 없다.

에너지의 양

퍼텐셜에너지

운동에너지

열

소리

에너지 보존

물체가 충돌할 때
선운동량의 총합은 일정하다.

선운동량

물체는 충돌할 때 에너지와
운동량을 서로 교환한다.

충돌

비탄성충돌

오로지 운동량만 보존된다.
운동에너지가 열과
소리 에너지로 바뀐다.

탄성충돌

완전탄성충돌에서는 운동량과 운동에너지가
열과 소리로 바뀌지 않고 둘 다 보존된다.

63

5장

전기

전기는 우리 삶에서 빼놓을 수 없는 존재입니다.
집과 거리를 밝혀주고, 인터넷을 할 수 있게 해주고, 휴대전화를
충전해주지요. 스위치만 켜면 수수께끼 같은 에너지가 흘러
우리 삶의 방식을 바꾸어놓습니다. 번개의 에너지를 우리 집
안에 가져다준 전기는 비교적 새로운 발명품입니다. 전기 없이
어떻게 살아갈 수 있을지는 상상하기 어렵습니다.

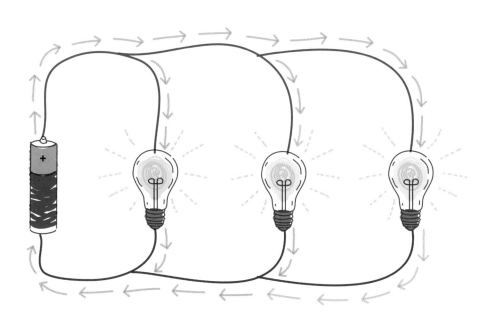

전하와 전기의 이동

전기는 대전 입자, **전자**와 **이온**에 의해 생깁니다. 전자는 음전하를 갖고 있습니다. 이온은 양전하 또는 음전하입니다. 전하는 쿨롱(C)으로 나타내며, Q라는 기호를 씁니다. 쿨롱은 1암페어(A)의 전류가 1초 동안 흐를 때 움직이는 전하의 양과 같습니다. 프랑스의 공학자이자 물리학자였던 **샤를 오귀스탱 쿨롱**Charles-Augustin Coulomb(1736~1806)의 이름에서 유래했습니다.

쿨롱은 전기를 흐르게 하는 입자에 비해 매우 큰 단위입니다. 전자의 전하를 **기본전하** e라고 하며, 약 1.6×10^{-19}C입니다. 이와 비교해 번개의 전하는 15C에서 300C입니다.

전자 하나 또는 이온 하나의 전하는 정확히 기본전하입니다. 그리고 대전 입자에는 정수 개의 전자나 이온이 있어 그에 따라 전하가 생깁니다.

전하는 **정적**(정전기)일 수도 있고 움직일 수도 있습니다. 전하는 **전위차**에 의해 한곳에서 다른 곳으로 이동할 수 있습니다. 전기에서 전위차는 보통 **전압**이라고 부릅니다.

> 1쿨롱은 6×10^{19}개의 전자와 같다.

강이 어떻게 흐르는지를 생각해보세요. 퍼텐셜에너지가 높은 곳에서 경사를 따라 낮은 곳으로 물이 흐릅니다. 이와 비슷하게 대전 입자도 전위차를 따라 흐릅니다. 흐르는 방향은 전하가 양전하인지 음전하인지에 따라 달라집니다.

이런 전하의 흐름을 **전하이동**이라고 부릅니다. 그리고 전하의 흐름을 전류라고 하며 단위 시간 동안 흐른 전하의 양으로 정의합니다. 흐르는 방향은 양전하가 움직이는 방향으로 정의하며, 이를 **통상적 전류**라고 부릅니다.

양전하

전자(음전하)는 구름 아래로 내려가며 지상의 양전하에 이끌린다.

양전하

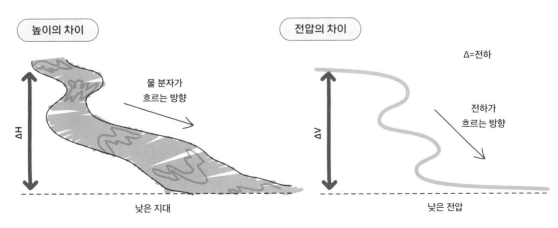

높이의 차이

물 분자가 흐르는 방향

ΔH

낮은 지대

전압의 차이

Δ=전하

전하가 흐르는 방향

ΔV

낮은 전압

전류와 전압, 저항

대전 입자의 흐름(전류)은 크게 두 가지 요소에 따라 달라집니다. 전위차의 크기(전압)와
전하를 이동시키는 데 쓰이는 매개 물질의 저항입니다.

전류와 전압

대전 입자가 움직여 전류가 흐르기
위해서는 대전 입자가 있어야
하고 대전 입자의 움직임을 만들
전위차, 즉 전압이 있어야 합니다.
우리가 사용하는 전기는 전자의
움직임으로 발생하며, 보통 구리로
만든 전선을 통해 이동합니다.
구리에는 전선을 따라 자유롭게
움직일 수 있는 전자가 많습니다.
이런 전자를 **자유전자**라고
부르는데, 전위차가 발생하기
전에는 가만히 있습니다.

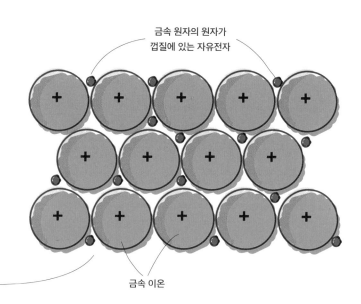

금속 원자의 원자가
껍질에 있는 자유전자

금속 이온

전위차는 볼트 V로 나타냅니다. **볼트**는 단위 전하에 대해 이동한
에너지(매 쿨롱당 줄, J/C)로 정의합니다. **줄**은 어떤 물체를 1뉴턴의
힘으로 1미터 움직이는 데 필요한 에너지입니다.

1V는 1옴의 저항이 있을 때 1A가 흐르게 한다.

전기 용어로 설명하면 1암페어의 전류가 저항이
1옴인 물질에 1초 동안 흐를 때 발생하는 열이라고
할 수 있습니다. 여기서 **옴**(전기 저항의 단위, 69쪽 옴의 법칙을
보세요)도 정의할 수 있습니다. **앙드레 마리 앙페르**André-Marie
Ampère(1775~1836)의 이름을 딴 **암페어**는 전류의 단위입니다. 1암페어는
전선의 특정 지점을 1초에 1쿨롱이 지나가는 것과 같습니다.

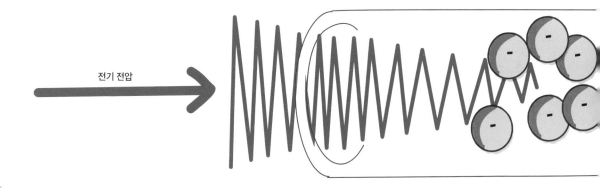

전기 전압

전기 저항

전선의 전기 **저항**은 여러 가지 요소에 좌우됩니다. 일단 전선을 만든 물질, 전선의 길이와 굵기(단면의 넓이)가 중요합니다. 온도도 저항에 큰 영향을 끼치지만, 여기서는 무시하겠습니다. 전선을 이루는 재료는 구조와 자유전자의 양에 따라 전하의 흐름에 영향을 끼칩니다.

이번에도 경사를 따라 아래로 흐르는 강을 상상해보세요. 물의 흐름은 경사의 기울기(외부 전압), 강의 깊이와 폭(단편의 넓이), 그리고 강바닥의 성질과 바위 같은 장애물(전선을 만든 물질)에 영향을 받습니다.

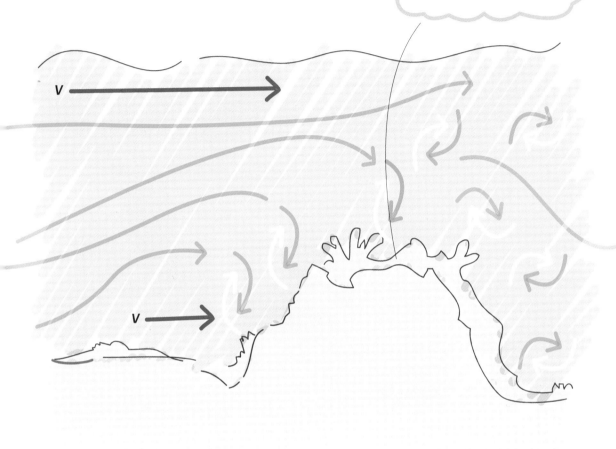

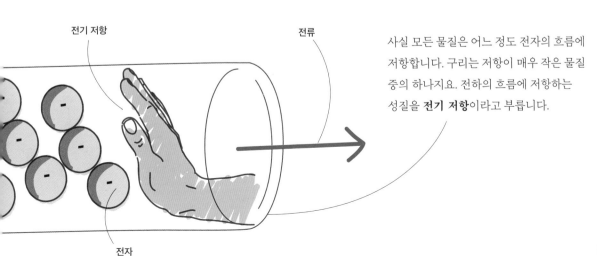

전기 저항

전류

전자

사실 모든 물질은 어느 정도 전자의 흐름에 저항합니다. 구리는 저항이 매우 작은 물질 중의 하나지요. 전하의 흐름에 저항하는 성질을 **전기 저항**이라고 부릅니다.

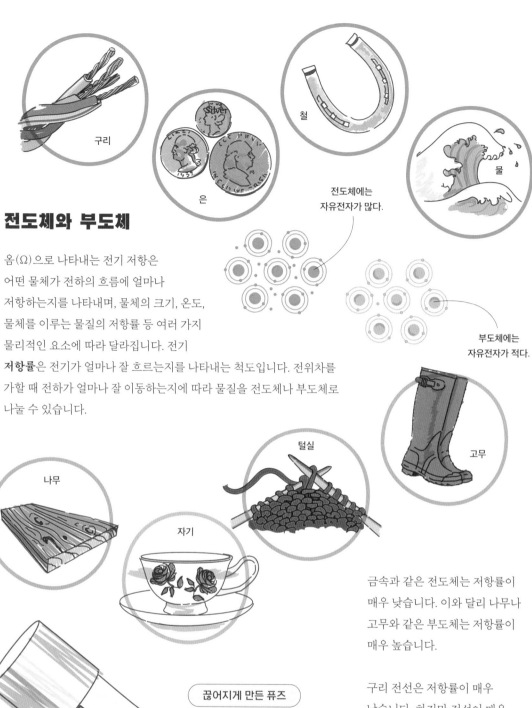

구리

은

철

물

전도체에는
자유전자가 많다.

부도체에는
자유전자가 적다.

고무

털실

나무

자기

전도체와 부도체

옴(Ω)으로 나타내는 전기 저항은
어떤 물체가 전하의 흐름에 얼마나
저항하는지를 나타내며, 물체의 크기, 온도,
물체를 이루는 물질의 저항률 등 여러 가지
물리적인 요소에 따라 달라집니다. 전기
저항률은 전기가 얼마나 잘 흐르는지를 나타내는 척도입니다. 전위차를
가할 때 전하가 얼마나 잘 이동하는지에 따라 물질을 전도체나 부도체로
나눌 수 있습니다.

금속과 같은 전도체는 저항률이
매우 낮습니다. 이와 달리 나무나
고무와 같은 부도체는 저항률이
매우 높습니다.

구리 전선은 저항률이 매우
낮습니다. 하지만 전선이 매우
가늘다면, 전자의 흐름을 제한해
구리가 뜨겁게 달아오릅니다. 만약
전선이 너무 뜨거워지면 녹아서
전자의 흐름이 끊길 수 있습니다.
이게 바로 **퓨즈**가 작동하는
원리입니다. 전류가 너무 강해져
민감한 가전제품에 손상을 입히지
않도록 만든 안전장치지요.

끊어지게 만든 퓨즈

옴의 법칙

구리처럼 전기 저항률이 낮은 물질은 낮은 전압만 걸어주어도 전자가 움직일 수 있습니다. 공기와 나무, 고무처럼 전기 저항률이 높은 물질은 훨씬 더 높은 전압이 필요합니다. 이것이 **옴의 법칙**의 바탕입니다. 옴의 법칙은 독일 물리학자 **게오르크 옴**Georg Ohm(1789~1854)이 1827년에 전압과 전류, 저항의 관계를 설명하기 위해 만들었습니다.

두 지점 사이의 전류 I는 두 지점 사이의 전압 V와 정비례합니다. 즉, $I=kV$이며, 이때 k는 비례상수입니다.

비례상수 k는 물질의 종류에 따라 다르며, 그 물질이 전기가 얼마나 잘 통하는지(**전도성**)를 나타냅니다. 이것은 보편적으로 **저항의 역수**, $1/R$로 정의합니다.

옴의 법칙으로 우리는 전압과 전류를 알고 있을 때 물질의 저항을 알아낼 수 있습니다. 오른쪽 그림의 삼각형은 이 관계를 기억하는 데 도움이 됩니다.

이 공식은 옴을 정의합니다. 저항이 1Ω인 물질에 1암페어의 전류가 흐르려면 1V의 전위차가 필요합니다. 옴은 아주 작은 단위이므로 웬만한 물질의 저항을 나타낼 때는 KΩ(1000옴)이나 MΩ(1백만 옴)이 쓰입니다.

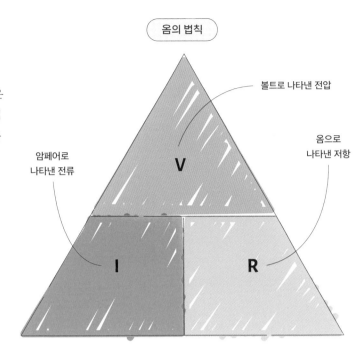

볼트로 나타낸 전압

옴으로 나타낸 저항

암페어로 나타낸 전류

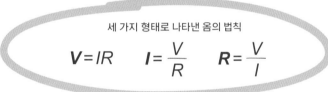

세 가지 형태로 나타낸 옴의 법칙

$$V = IR \qquad I = \frac{V}{R} \qquad R = \frac{V}{I}$$

옴의 법칙
저항에 걸린 전압은 저항에 흐르는 전류에 정비례한다.

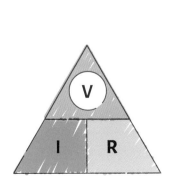

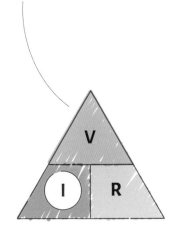

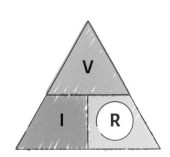

전기 회로

전기 회로는 전류가 흐르게 해줍니다. 회로는 셀 하나 또는 여러 셀(보통 배터리라고 부릅니다)로
이루어진 전원과 다양한 부품을 전선으로 연결해 만듭니다. 배터리의 한쪽 끝에서 다른 쪽 끝으로 전하가
흐르기 위해서는 회로가 완전히 닫힌 고리가 되어야 합니다.

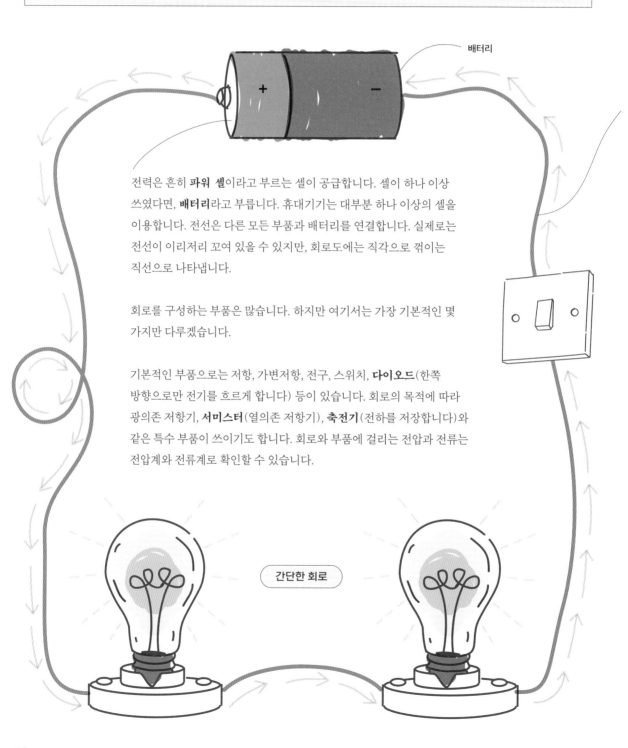

배터리

전력은 흔히 **파워 셀**이라고 부르는 셀이 공급합니다. 셀이 하나 이상
쓰였다면, **배터리**라고 부릅니다. 휴대기기는 대부분 하나 이상의 셀을
이용합니다. 전선은 다른 모든 부품과 배터리를 연결합니다. 실제로는
전선이 이리저리 꼬여 있을 수 있지만, 회로도에는 직각으로 꺾이는
직선으로 나타냅니다.

회로를 구성하는 부품은 많습니다. 하지만 여기서는 가장 기본적인 몇
가지만 다루겠습니다.

기본적인 부품으로는 저항, 가변저항, 전구, 스위치, **다이오드**(한쪽
방향으로만 전기를 흐르게 합니다) 등이 있습니다. 회로의 목적에 따라
광의존 저항기, **서미스터**(열의존 저항기), **축전기**(전하를 저장합니다)와
같은 특수 부품이 쓰이기도 합니다. 회로와 부품에 걸리는 전압과 전류는
전압계와 전류계로 확인할 수 있습니다.

간단한 회로

전기 회로 기호

회로도를 그릴 때 사용하는 기호는 세계 공통으로 정해져 있으며 아무리 복잡한 회로라도 그릴 수 있습니다.

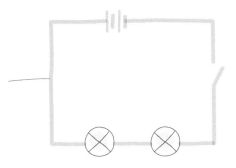

이 회로도는 반대쪽 면에 있는 회로를 기호로 나타낸 것입니다.

다이오드: 전도체. 전류가 한쪽 방향으로 흐르게 해주며, 반대쪽 방향으로는 차단한다.

발광다이오드: LED라고도 하며, 전류가 통과할 때 빛을 낸다.

셀: 화학에너지를 전기에너지로 바꾸는 장치.

전압계: 회로에서 두 지점 사이의 전위차를 측정해 볼트 단위로 나타낸다.

서미스터: 온도에 따라 저항이 달라지는 안전장치. 온도가 올라가거나 내려가면 저항이 커지거나 작아진다.

배터리: 회로에 에너지를 제공하는 원천으로, 여러 셀로 이루어진다.

광저항체: LDR이라고도 하며, 빛의 밝기를 감지해 밝아지면 저항이 줄어든다.

가변저항: 전류의 흐름을 늘리거나 줄이기 위해 저항의 정도를 조절할 수 있다.

고정저항: 환경 변화와 무관하게 저항이 일정해 스위치를 끄지 않고 전류의 흐름을 줄이는 데 쓰인다.

전류계: 전류의 양을 측정해 암페어 단위로 나타낸다.

축전기: 전하를 저장했다가 필요할 때 내보낸다.

퓨즈: 안전장치로, 쉽게 녹는 전선으로 되어 있어 문제가 생겼을 때 회로를 끊는다.

전구: 회로가 작동하는지를 알리는 신호로 쓰인다.

키르히호프의 법칙

1845년 독일 물리학자 **구스타프 키르히호프**Gustav Kirchhoff(1824~1887)는
처음으로 **닫힌회로**의 전류와 전위차 보존에 관한 법칙을 설명했습니다.

키르히호프에 따르면, 회로를 따라 움직이는 총 전하는 보존됩니다. 이것이
전하량 보존 법칙입니다.

전하가 배터리 양쪽 끝의 전위차에 의해 회로를 움직일(**기전력**이라고
부릅니다) 때 회로의 총 전하는 일정합니다. 만약 회로가 어느 한곳에서
갈라진다면, 갈림길에 들어오는 총 전하와 갈림길에서 나가는 총 전하는
똑같습니다(전하 보존). 전류(초당 전하)는 각 경로의 저항에 따라 일정 비율로
나뉩니다. 저항이 큰 경로일수록 전류가 더 적게 흐릅니다($V=IR$에 따라).

> ### 키르히호프의 제1법칙
> 갈림길로 흘러들어가는 전류는
> 갈림길에서 나오는 전류의 합과
> 같아야 한다.

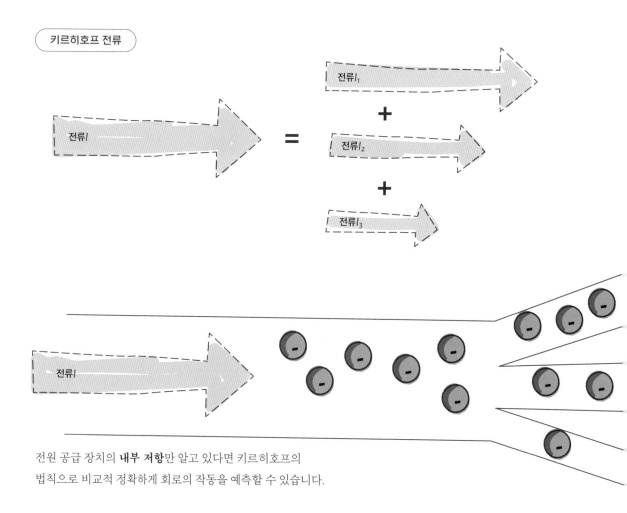

전원 공급 장치의 **내부 저항**만 알고 있다면 키르히호프의
법칙으로 비교적 정확하게 회로의 작동을 예측할 수 있습니다.

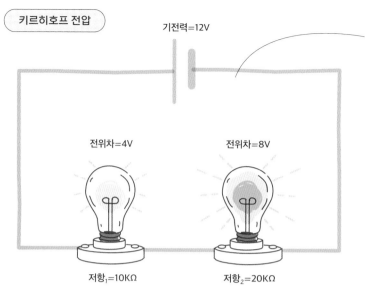

키르히호프 전압

기전력=12V

전위차=4V

전위차=8V

저항₁=10KΩ

저항₂=20KΩ

기전력은 각 부품과 갈림길 사이에서 저항의 비에 따라 나뉩니다. 부품이나 갈림길의 저항이 클수록 전류가 흐르기 위해 더 큰 기전력이 필요하지요. 내부 저항을 무시하면, 회로 전체의 전위차를 모두 합한 값은 기전력과 같습니다.

키르히호프의 제2법칙
어떤 회로에서 닫힌
고리 안의 전압을 모두
합하면 0이 되어야 한다.

전선에 저항이 없다고 가정할 때 전류를 흐르게 하는 배터리의 전위차는 각 부품에 걸리는 전위차의 합과 같습니다.

구리의 저항이 매우 작다고 해도 실제로는 전선과 전원 장치에 저항이 있기 때문에 열이 발생합니다.

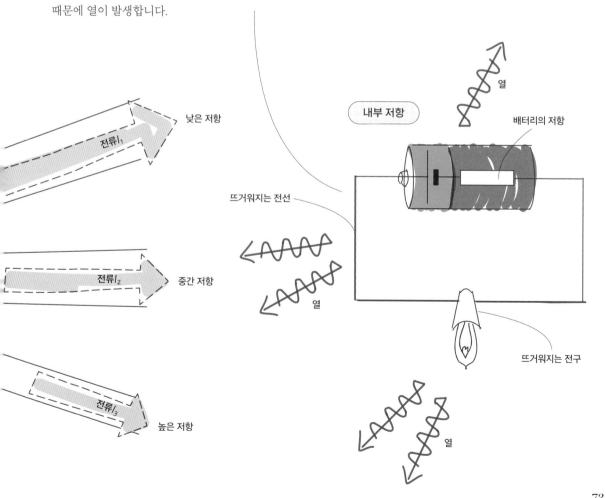

낮은 저항

전류 I_1

내부 저항

열

배터리의 저항

뜨거워지는 전선

전류 I_2

중간 저항

열

열

뜨거워지는 전구

전류 I_3

높은 저항

열

직렬 회로와 병렬 회로

회로에 부품이 어떻게 연결되어 있는지에 따라 **직렬 회로**나 **병렬 회로**로 구분할 수 있습니다. 부품이 모두 한 줄로 이어져 고리 하나를 이루고 있다면, 직렬 회로입니다. 만약 회로가 도중에 갈라져 별개의 경로로 부품에 전류를 공급하고 있다면, 부품이 병렬로 연결되었다고 말합니다.

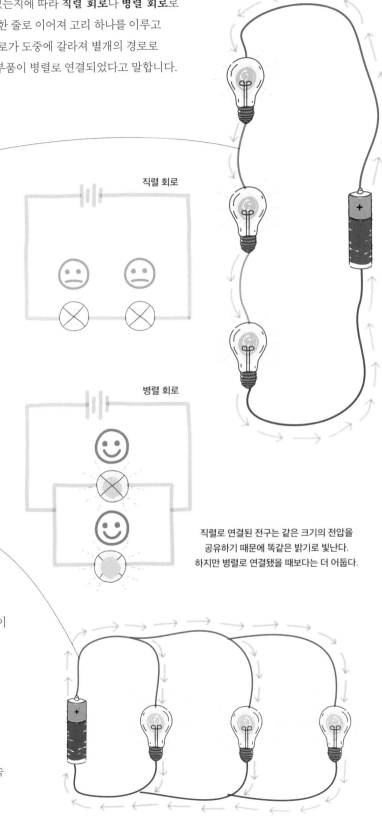

직렬 회로

똑같은 전구 여러 개가 있다고 상상해보세요. 배터리처럼 기전력이 일정한 장치에 연결된 전구는 특정 밝기로 빛납니다.

전구 세 개를 전선 하나로 이어서 배터리와 연결한다면, 직렬로 연결되었다고 말합니다.

만약 전구 세 개가 똑같아서 저항이 같다면, 셋이서 똑같이 배터리의 기전력을 나누어 갖습니다. 세 전구의 총 저항, 즉 회로의 저항은 각 전구의 저항을 합한 것과 똑같습니다.

직렬 회로

병렬 회로

직렬로 연결된 전구는 같은 크기의 전압을 공유하기 때문에 똑같은 밝기로 빛난다. 하지만 병렬로 연결됐을 때보다는 더 어둡다.

병렬 회로

만약 세 전구에 각각 전선이 연결되어 있고 개별적으로 배터리와 이어진다면, 병렬연결입니다. 전류는 세 길로 갈라지며, 각 부품에 똑같은 전압이 걸립니다. 총 전류는 각 부품에 흐르는 전류의 합과 같습니다.

만약 직렬 회로에서 부품 하나가 망가진다면, 전부 작동하지 않습니다. 병렬 회로에서는 부품 하나가 망가져도 다른 부품이 계속 정상적으로 작동합니다.

축전기

축전기는 전기장 안에 전기에너지를 저장하기 위해 회로에 사용하는 장치입니다. 필요할 때 에너지를 재빨리 내보낼 수 있습니다. 축전기의 기본 부품은 두 금속판(**전도체**)과 그 사이를 가로막는 부도체입니다. 두 금속판에 전압이 걸리면, **전기장**이 생깁니다.

축전기의 크기는 다양합니다. 축전기에 저장할 수 있는 에너지의 양은 여러 가지 요소에 좌우됩니다. 금속판이 더 크면 더 많은 전자를 제공할 수 있습니다. 금속판 사이의 간격을 줄여도 에너지 저장 능력을 키울 수 있습니다. 하지만 간격을 줄이는 데는 한계가 있습니다. 만약 간격이 너무 좁다면, 전하가 다른 금속판으로 새어 나가 두 판 모두를 중성으로 만듭니다. 금속판 사이에 부도체를 끼우면 전하가 새어 나가는 것을 막을 수 있습니다. 이런 물질을 **유전체**라고 합니다.

만약 전원이 꺼져도 금속판 사이의 간격이 전하의 흐름을 막을 수 있을 정도라면, 금속판에 쌓인 전하는 그대로 유지됩니다.

축전기에 전압(전위차)이 걸리면, 전자가 한쪽 금속판에서 빠져나와(원자 속에서 전자가 있던 자리에 '정공'이 생기며 전체적으로 양전하를 띱니다) 다른 금속판으로 밀려갑니다(여분의 전자가 생기며 음전하를 띱니다). 전하 차이가 커지면서 두 금속판 사이에 평행하게 전기장이 생겨납니다. 전위차가 사라져도 전자는 금속판 사이를 가로막는 유전체 때문에 다시 돌아가서 전하의 차이를 되돌리지 못합니다. 따라서 축전기는 이 전하를 저장하게 되고, 나중에 전기 회로에 에너지를 제공하는 데 쓰일 수 있습니다.

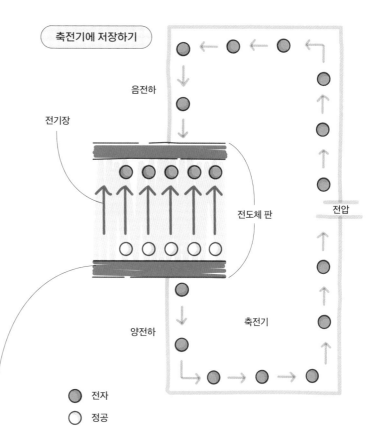

축전기에 저장하기

음전하

전기장

전도체 판

전압

양전하

축전기

● 전자
○ 정공

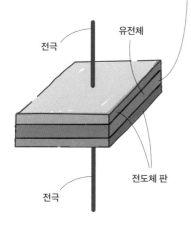

전극

유전체

전도체 판

전극

전기 용량

축전기가 전하를 저장하는 능력을 **전기 용량** C라고 부르며, 측정 단위는 **패럿**(F, 마이클 패러데이에서 유래했습니다. 89쪽을 보세요)입니다. 1F은 두 금속판에 1V의 전위차를 걸었을 때 1쿨롱의 전하를 대전시키는 용량입니다.

패럿은 매우 큰 단위라서 대부분의 축전기는 마이크로패럿(백만 분의 1패럿, μF)로 나타냅니다.

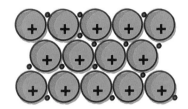

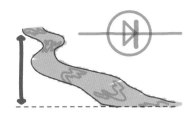

전하의 이동

대전된 전자의 흐름. 흐르는 방향은 전하가 양전하인지 음전하인지에 따라 달라진다.

전하와 전하의 이동

전하

쿨롱(C)으로 측정하며, 측정값이 ±1.6×10⁻¹⁹인 전자(음전하) 또는 이온(양전하 또는 음전하)에 의해 생긴다.

기전력

두 점 사이의 전위차를 발생시켜 전류를 흐르게 하는 힘

전기

병렬 회로

회로 안에서 부품이 각자 서로 다른 고리를 만들며 연결돼 있다.

직렬 회로

모든 부품이 고리 하나로 이어져 있다. 총 저항은 각 부품의 저항을 합한 값과 같다.

전기 회로

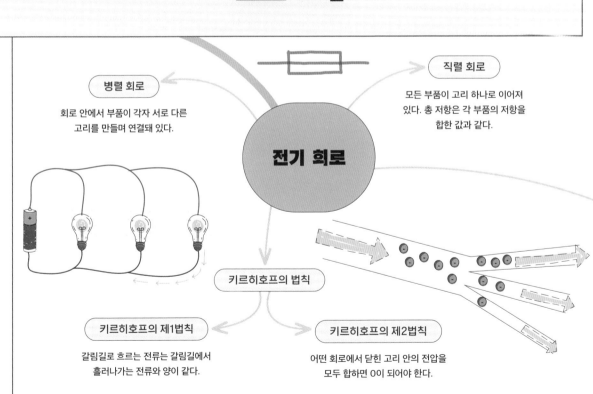

키르히호프의 법칙

키르히호프의 제1법칙

갈림길로 흐르는 전류는 갈림길에서 흘러나가는 전류와 양이 같다.

키르히호프의 제2법칙

어떤 회로에서 닫힌 고리 안의 전압을 모두 합하면 0이 되어야 한다.

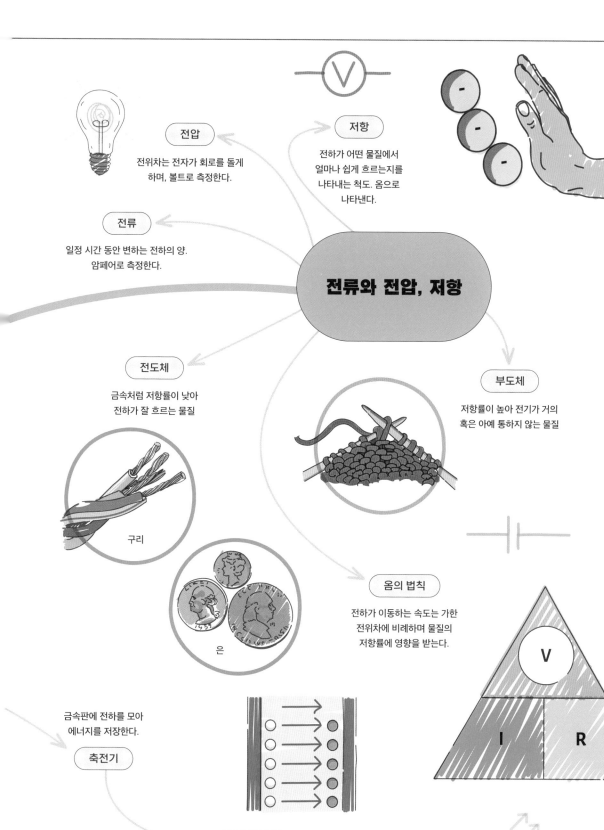

전압

전위차는 전자가 회로를 돌게 하며, 볼트로 측정한다.

저항

전하가 어떤 물질에서 얼마나 쉽게 흐르는지를 나타내는 척도. 옴으로 나타낸다.

전류

일정 시간 동안 변하는 전하의 양. 암페어로 측정한다.

전류와 전압, 저항

전도체

금속처럼 저항률이 낮아 전하가 잘 흐르는 물질

구리

은

부도체

저항률이 높아 전기가 거의 혹은 아예 통하지 않는 물질

옴의 법칙

전하가 이동하는 속도는 가한 전위차에 비례하며 물질의 저항률에 영향을 받는다.

금속판에 전하를 모아 에너지를 저장한다.

축전기

전기 용량

에너지를 저장하는 능력

V

I   R

6장

장과 힘

1장에서 우리는 힘의 종류와 힘이 물체의 운동에 끼치는 영향을 알아보았습니다. 접촉력은 실제로 닿아야만 작용합니다. 이 장에서는 중력, 정전기력, 자기력 같은 비접촉력에 관해 더 자세히 알아보겠습니다. 이 힘에는 공통적인 요소가 두 가지 있습니다. 작용하기 위해서는 장이 필요하며, 그 힘은 장까지의 거리에 큰 영향을 받습니다.

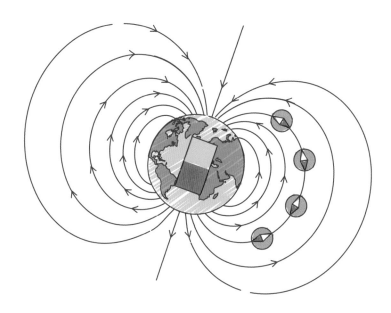

장과 장의 영향

1장에서 이야기했듯이, 질량이 m인 물체가 특정 방향으로 힘을 받으면, 물체는 뉴턴의 운동 제2법칙($F=ma$)에 따라 그 방향으로 가속합니다. 물체에 작용한 힘이 물체가 장 안에 놓여 있기 때문에 생긴 것이라면, 그 힘의 크기는 장의 종류, 물체와 장 사이의 거리, 장이 물체에 영향을 끼칠 수 있는지 등 여러 가지 요소의 영향을 받습니다.

중력장은 이 우주의 질량이 있는 모든 물체에 영향을 끼칠 수 있습니다. 하지만 매우 약한 힘이라 물체가 행성이나 별처럼 질량이 큰 물체에 가깝게 있을 때만 의미가 있지요. 중력은 언제나 두 질량이 서로 끌어당기게 합니다.

행성

별

전기장은 대전 입자에만 영향을 끼칩니다. 하지만 인력이나 반발력이 중력보다 훨씬 강합니다. 서로 가까운 두 대전 입자는 아주 큰 힘을 받습니다.

자기장은 특정 물질, 주로 금속에 영향을 끼칩니다. 힘의 크기는 자기장을 만드는 자성 물질의 성질, 영향을 받는 물체의 거리, 자기장 안에 있는 물체를 이루는 물질에 영향을 받습니다.

각각의 장에는 고유한 특성이 있습니다. 앞으로 이 특성을 더 알아보겠습니다.

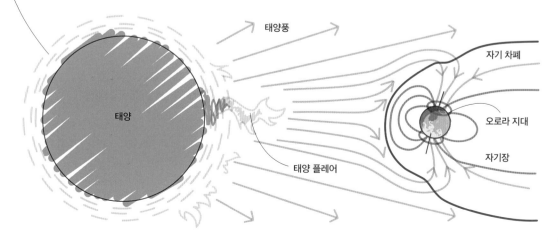

태양풍

태양

태양 플레어

자기 차폐

오로라 지대

자기장

중력장

중력장은 질량이 있는 모든 물체 주위에 나타납니다. 그리고 질량이 있는 다른 모든 물체에 힘을 가합니다.
두 질량 사이에는 크기가 같고 방향이 반대인 힘이 작용하며, 힘의 크기는 각 질량의 크기와 둘 사이의
거리에 따라 달라집니다.

뉴턴의 종력 법칙

뉴턴은 두 **점질량** 사이의 중력 법칙을 정의했습니다. 점질량은 모든 물체의 질량이 공간상의
한 점에 모여 있다는 개념입니다. 점질량은 **방사형**(모든 방향으로 뻗는)**중력장**을 만듭니다.
뉴턴은 모든 입자가 자신의 질량에 비례하고 중심 사이의 거리의 제곱에 반비례하는 힘으로
우주의 다른 모든 입자를 끌어당기고 있다고 말했습니다. 이를 아래에 있는 방정식 중 왼쪽처럼
나타낼 수 있습니다. 여기서 F는 힘이고 m_1과 m_2는 질량입니다. r은 두 물체의 중심 사이의
거리이며, G는 만유인력 상수($G=6.67\times10^{-11}$)입니다. 중력장은 지구처럼 큰 질량 M 때문에
생겨 사람처럼 작은 질량 m에 영향을 끼칩니다. 이때 사람이 지구 중력장의 영향을 받는다고
말합니다. 그러면 공식은 오른쪽과 같아집니다.

$$F = \frac{Gm_1m_2}{r^2} \qquad F = \frac{GMm}{r^2}$$

지구의 중력장

이 법칙은 매우 단순하게 나타낼 수
있습니다. 우주에서는 입자 사이의
거리가 멀고 중력은 약하기 때문에
두 질량이 가까이 있을 때만 의미
있는 힘을 느낄 수 있습니다. 따라서
공식을 단순화하기 위해 두 질량
사이의 힘만을 고려합니다.

장선

지구

중력장의 세기

중력장의 세기 g는 지구에서
1kg의 질량이 받는 힘입니다.
지구의 질량을 M이라고 할 때
두 질량 사이의 힘을 나타내는
공식에서 유도할 수 있습니다.

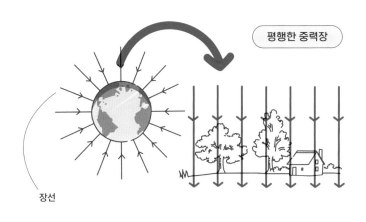

평행한 중력장

장선

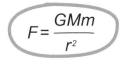

$$F = \frac{GMm}{r^2}$$

여기서 r은 지구의 반지름입니다.
이 값을 계산하면 $g=9.8\text{N/kg}$이
됩니다.

g에 지구상에 있는 질량을 곱하면
무게 $W=mg$가 나옵니다. g값은
중력에 의한 가속도 9.8m/s^2과
같습니다. N/kg라는 단위와
m/s^2이라는 단위는 서로 같습니다.

따라서 중력장의 세기는 중력에
의한 가속도의 크기와 같습니다.
이 값은 지구 표면 근처에서는
거의 일정합니다. 지구 가까이서는
장선이 평행에 가깝기 때문입니다.

중력장선은 중력장이 작용하는
방향(질량의 중심 방향)을
나타내며 장의 세기는 선이 얼마나

촘촘한지로 알 수 있습니다.
이를 이용하면 어떤 물체를 지구
표면에서 비교적 조금 들어 올릴
때는 물체의 무게가 일정하다고
추측할 수 있습니다. 따라서 물체가
얻는 **퍼텐셜에너지**는 무게와
수직으로 움직인 거리를 곱한
값($PE=mgh$)이라는 사실을 알 수
있습니다.

등위면, 즉 퍼텐셜에너지가
같은 곳을 나타낸다.

만약 질량이 $m$kg인 공을 h만큼 허공으로 들어 올린다면, 공은
퍼텐셜에너지를 얻습니다. 공을 놓으면 공이 떨어지면서
퍼텐셜에너지는 **운동에너지**로 바뀝니다. 공을 들어 올리는 데 필요한
에너지는 공의 질량과 중력장의 세기에 달려 있습니다. 공이 땅에
부딪치는 속도 v는 다음 공식으로 구할 수 있습니다.

$$v = \sqrt{2gh}$$

퍼텐셜에너지에서 운동에너지로

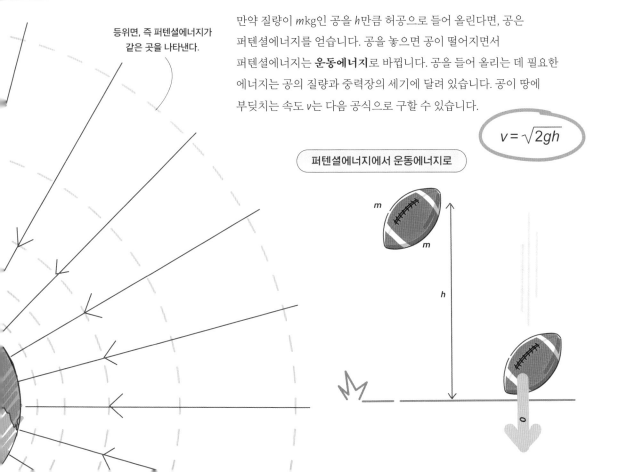

자기장과 전기장

자기장과 전기장은 자신을 만드는 물체 주위에 있지만, 눈에 보이지는 않습니다. 전류처럼 움직이는 전하는
자기장을 만들 수 있습니다. 그리고 자기장은 움직이는 대전 입자에 힘을 가할 수 있습니다.
전기와 자기는 서로 상대의 존재에 영향을 끼치므로 공존합니다.

자기장

자기장은 자성체에 영향을
끼쳐 끌리거나 밀리는 힘을
느끼게 합니다. 자성체는
종류에 따라 자기장의 영향을
받는 정도가 다릅니다. 철,
니켈, 코발트 같은 금속은
영향을 많이 받지만, 다른
금속은 대부분 영향이 크지
않거나 거의 느끼기 어려울
정도로 조금만 받습니다.

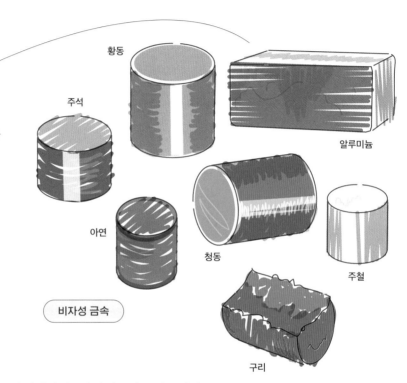

황동

주석

알루미늄

아연

청동

주철

비자성 금속

구리

자기장은 강력한 자기장에 노출된 철처럼 영구히 자력을 띤 물질 주위에
존재합니다. 영구히 자력을 띨 수 있는 물질을 **강자성체**라고 부릅니다.
막대자석의 자기장선은 N극과 S극을 잇는 고리 모양을 이루고 있습니다.
자석을 둘러싼 자기장의 강도는 **테슬라**(T)로 측정하며, 자기장의 위치에
따라 방향과 강도가 다릅니다. 자기장의 강도는 중력장과 마찬가지로
장선의 간격으로 나타냅니다.

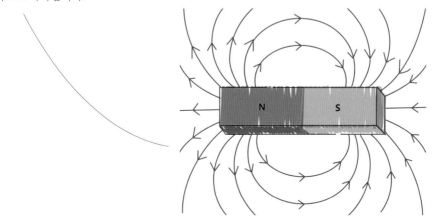

지구는 마치 거대한 막대자석처럼 영구적인 자기장으로 둘러싸여 있습니다. 지구의 자기장은 태양에서 날아오는 대전 입자에 영향을 끼쳐 대전 입자가 나선을 그리며 자기장선을 따라 자극(지리적 극점과 가깝습니다)으로 떨어지게 합니다. 이런 대전 입자가 대기 중의 원자와 부딪칠 때 전자는 들뜬 상태가 됩니다. 그리고 대전 입자가 들뜬 상태에서 다시 내려올 때 **광자**가 나오면서 여러 가지 색으로 빛나며 북극과 남극 지방에서 볼 수 있는 장관(오로라)을 만듭니다.

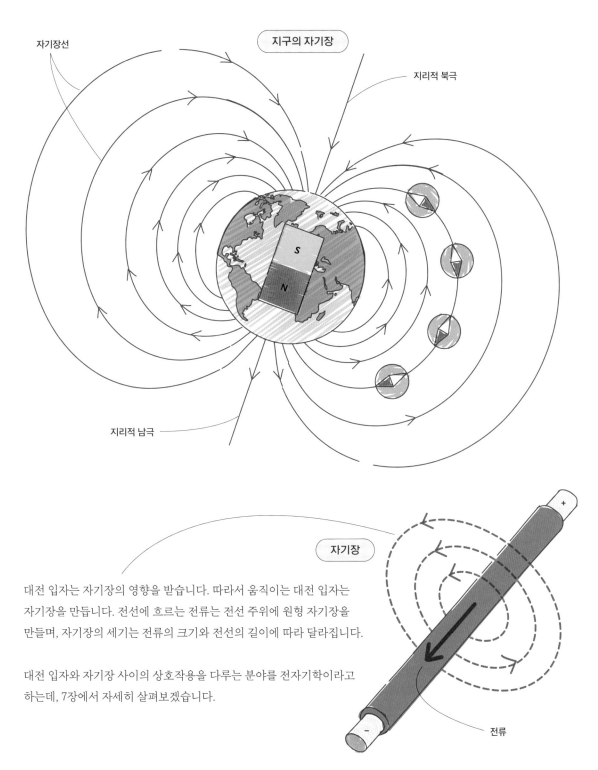

자기장선

지구의 자기장

지리적 북극

S

N

지리적 남극

자기장

대전 입자는 자기장의 영향을 받습니다. 따라서 움직이는 대전 입자는 자기장을 만듭니다. 전선에 흐르는 전류는 전선 주위에 원형 자기장을 만들며, 자기장의 세기는 전류의 크기와 전선의 길이에 따라 달라집니다.

대전 입자와 자기장 사이의 상호작용을 다루는 분야를 전자기학이라고 하는데, 7장에서 자세히 살펴보겠습니다.

전류

전기장

전기장은 중력장과 공통점이 많지만, 대전 입자에만 영향을 끼칩니다.
쿨롱의 법칙에 따르면 두 점전하 사이에 생기는 전기력의 크기는 전하의 곱에 정비례하고 점전하
사이의 거리를 제곱한 값에 반비례합니다. 점전하는 **방사형**(모든 방향으로 뻗는)**전기장**을 만듭니다.

대전 입자 사이의 힘은 인력(서로 다른 전하 사이에서) 또는 반발력(서로
같은 전하 사이에서)입니다. 1장에서 살펴보았듯이, 이 힘을
정전기력이라고 부릅니다.

$$F = \frac{kQ_1 Q_2}{r^2}$$

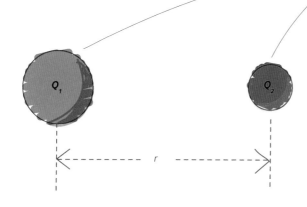

두 대전 입자 사이의 힘은 두 질량
사이의 힘을 나타내는 것과 똑같은
형태의 공식으로 나타낼 수 있습니다.

Q_1과 Q_2는 쿨롱으로 나타낸
대전 입자의 크기이며, k는
상수($k = 9 \times 10^9$)입니다.
만유인력상수 G와 비교하면
매우 큰 수지요.

전자가 원자 주위에 있도록
묶어두는 힘은 정전기력입니다.

축전기처럼 대전된 판 두 개
사이에서도 전기장이 존재할 수
있습니다. 이 경우에 전기장선은 서로
평행하며, 전기장 안에 있는 대전
입자가 받는 힘은 위치와 상관없이
일정합니다.

두 판 사이의 전기장 E의 세기는 다음
공식으로 나타냅니다.

$$E = \frac{V}{d}$$

V는 전위차이며, d는 판 사이의
간격입니다.

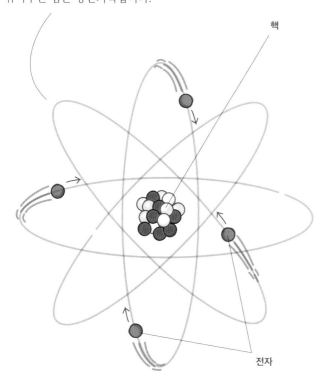

핵

전자

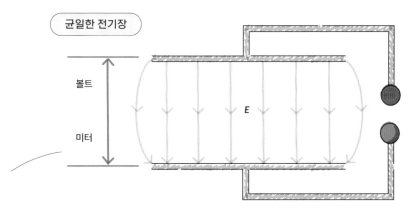

균일한 전기장

전하 Q가 균일한 전기장 안에서
받는 힘 F는 다음과 같습니다.

$$F = \frac{QV}{d} = EQ$$

음극선관

균일한 전기장은 음극선관(CRT)의 기본 원리로
쓰입니다. CRT는 진공 챔버 안에서 전자를 가속합니다.
전류가 흘러 금속 전선이 달구어지면, 전자는 말 그대로

'끓어오르다'시피
전선 표면에서
튀어나갑니다.
이것을 **전자총**이라고
부릅니다.

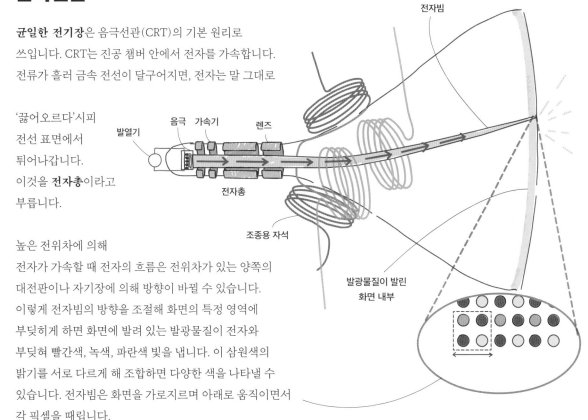

높은 전위차에 의해
전자가 가속할 때 전자의 흐름은 전위차가 있는 양쪽의
대전판이나 자기장에 의해 방향이 바뀔 수 있습니다.
이렇게 전자빔의 방향을 조절해 화면의 특정 영역에
부딪히게 하면 화면에 발려 있는 발광물질이 전자와
부딪혀 빨간색, 녹색, 파란색 빛을 냅니다. 이 삼원색의
밝기를 서로 다르게 해 조합하면 다양한 색을 나타낼 수
있습니다. 전자빔은 화면을 가로지르며 아래로 움직이면서
각 픽셀을 때립니다.

발광물질은 잠시 동안 빛나므로 화면 전체는 언제나 환하게 밝은 상태입니다.

빨간색(R), 녹색(G), 파란색(B)의 영문 약자로 나타낸 RGB배열은 최초의 컬러텔레비전 기술에
쓰였습니다. 과거의 텔레비전은 내부의 진공과 외부의 기압 차이 때문에 생기는 힘을 견딜 수 있도록
화면이 둥글게 휘어 있었습니다.

✓ 다시 보기

물체와 떨어져 있어도
물체가 일으키는 장에 의해
힘을 받을 수 있다.

비접촉력

장과 장의 영향

강자성체

자기장에 영구히
영향을 받는다.

비자성 금속

자기장의 영향을
받지 않는다.

자기장

자기장의 세기

단위는 테슬라(T)이며,
자기장선 사이의
거리로 세기를 나타낸다.

장과 힘

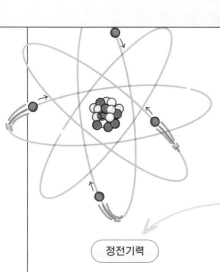

쿨롱의 법칙

$$F = \frac{kq_1q_2}{r^2}$$

두 대전판 사이의 균일한 전기장.
평행한 전기장 안에서 대전
입자가 받는 힘은 일정하다.

평행한 장

전기장

정전기력

같은 전하끼리는 밀어내고,
다른 전하는 서로 끌어당긴다.

힘의 세기

힘의 세기는 전하의 곱에 비례하고
거리의 제곱에 반비례한다.

음극선관

균일한 전기장을 이용한
원리로 만든다.

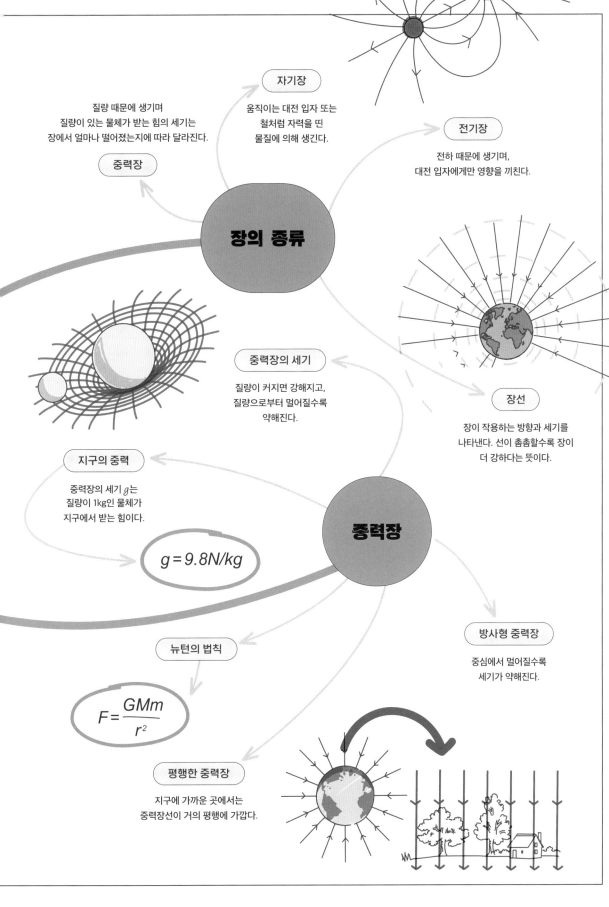

자기장

움직이는 대전 입자 또는
철처럼 자력을 띤
물질에 의해 생긴다.

질량 때문에 생기며
질량이 있는 물체가 받는 힘의 세기는
장에서 얼마나 떨어졌는지에 따라 달라진다.

전기장

전하 때문에 생기며,
대전 입자에게만 영향을 끼친다.

중력장

장의 종류

중력장의 세기

질량이 커지면 강해지고,
질량으로부터 멀어질수록
약해진다.

장선

장이 작용하는 방향과 세기를
나타낸다. 선이 촘촘할수록 장이
더 강하다는 뜻이다.

지구의 중력

중력장의 세기 g는
질량이 1kg인 물체가
지구에서 받는 힘이다.

$$g = 9.8N/kg$$

중력장

방사형 중력장

중심에서 멀어질수록
세기가 약해진다.

뉴턴의 법칙

$$F = \frac{GMm}{r^2}$$

평행한 중력장

지구에 가까운 곳에서는
중력장선이 거의 평행에 가깝다.

7장

전자기학

전기장과 자기장의 상호작용을 다루는 물리학 분야를
전자기학이라고 합니다. 두 장은 흔히 함께 존재하며 서로
상호작용하므로 밀접한 관련이 있습니다. 자기장 안에 있는
대전 입자는 힘을 받습니다. 그리고 대전 입자의 움직임은
자기장을 만듭니다. 빛은 공존하며 상호 의존하는 전기장과
자기장의 진동이 만든 산물입니다. 이 둘의 상호의존성이
없다면, 우리는 지금 전기를 사용할 수 없을 겁니다.

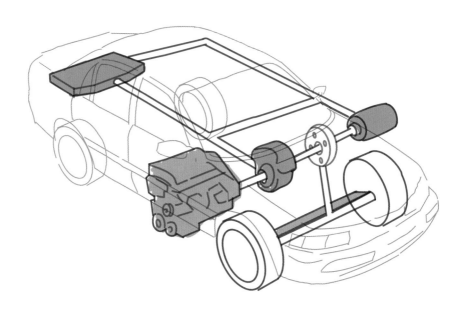

패러데이의 유도법칙

영국의 물리학자 **마이클 패러데이**Michael Faraday(1791~1867)는 1831년 놀라운 사실을 알아냈습니다.
전도성 금속으로 만든 선 주위에서 자기장을 변화시키면 금속 선에 전류가 흐른다는 사실이었습니다.
거꾸로 전선에 흐르는 전류를 변화시켜도 그 주위에 자기장이 요동칩니다.

자기장 안에서 움직이는 대전 입자는 힘을 받아 움직이게 됩니다. 대전 입자인 전자가 그렇게 같은 방향으로
움직인다면, 그건 바로 전류라고 할 수 있습니다. 세 가지 요소, 자기장과 대전 입자, 힘 사이의 상호작용은
전자기 유도의 바탕입니다.

예를 들어 여러분이 자기장 안에서 전선을 움직이는데, 자기장선이
움직이는 방향과 90도를 이루고 있다고 생각해봅시다. 전선에 흐르는
전자가 받는 힘은 전선이 움직이는 방향과 자기장의 방향 모두와 90도를
이루는 방향으로 작용합니다. 그러면 전선이 자기장에 대해 같은
방향으로 계속 움직이는 동안 전자가 전선을 따라 흘러가게 됩니다.

> **패러데이의 유도법칙**
> 자기장 안에서 움직이는
> 전도체는 기전력을 유도한다.

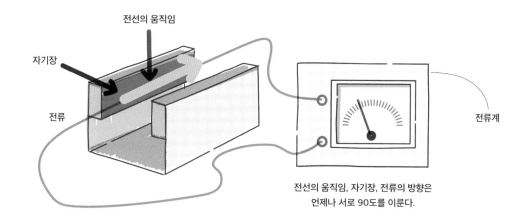

전선의 움직임, 자기장, 전류의 방향은
언제나 서로 90도를 이룬다.

왼손 법칙

만약 움직이는 방향이 거꾸로 바뀌면 전자가 흐르는 방향도 거꾸로
바뀝니다.

전류가 흐르는 방향은 엄지와 검지, 중지를 이용한 플레밍의 왼손 법칙으로
알아낼 수 있습니다. 영국의 물리학자 **존 앰브로스 플레밍**John Ambrose
Fleming(1849~1945)이 알아낸 법칙입니다. 이미 알고 있는 방향을
손가락으로 나타내면, 아직 모르는 방향을 알아낼 수 있습니다.

움직임

자기장

전류

전자기 유도

전자기 유도 현상은 우리 삶에 커다란 영향을 끼칩니다. 크게 두 가지 용도를 떠올릴 수 있습니다.
발전소에서 전기를 만드는 일과 전기 모터를 돌리는 일입니다. 전기 모터는 자동차 기술의 미래이기도 합니다.

발전기

유도 각도

자기장 안에서 전선을 움직이면,
전선에 전류가 흐릅니다. 전류가
흐르는 방향은 전선의 움직임에
따라 달라집니다. 전선이 움직이는
방향과 자기장 사이의 각도가
90도보다 작아질수록 발생하는
전류의 세기도 줄어듭니다.

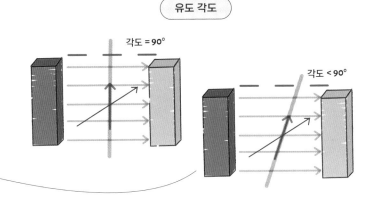

간단한 발전기

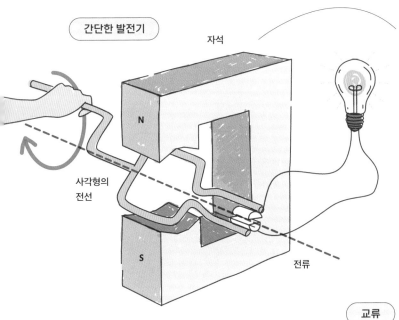

자석

N

사각형의
전선

S

전류

사각형으로 만든 전선에 전구를
연결하고 강한 자기장을 만드는
막대자석 사이에 놓았습니다. 만약
전선이 자기장선과 90도를 이루는
축을 중심으로 회전한다면, 전선과
자기장 사이에 움직임이 생깁니다.
따라서 전류가 흐릅니다. 실제로
발전기 안에는 전선이 수많은
고리를 이루고 있습니다. 고리의
수가 많으면 그만큼 출력되는
전류가 증가합니다.

교류

방향이 계속 바뀌고 세기가 요동치는 전류를
교류 전류(AC)라고 합니다. 만약 기계를 이용해
전선이 계속 회전하게 만든다면, 끊임없이
교류 전류를 유도할 수 있습니다. 이것이 바로
발전기의 기본 원리입니다.

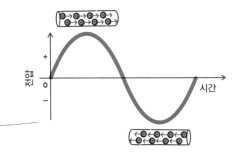

전기 모터

전기 **모터**는 작은 무선조종 자동차에서 믹서, 헤어드라이어, 전기차에 이르기까지 온갖 전기 장치에 쓰입니다.

전기 모터가 작동하는 원리는 발전기와 똑같습니다. 발전기는 기계 에너지를 전기에너지로 바꾸는 반면 전기 모터는 전기 에너지를 기계 에너지로 바꾼다는 점이 결정적인 차이입니다.

전원에서 흘러나온 전류가 자기장 안에서 자유롭게 회전할 수 있는 전선을 따라 흐른다고 합시다.

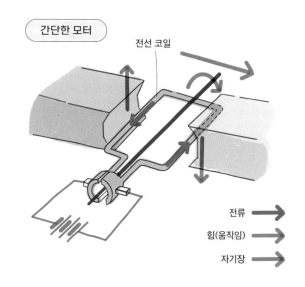

간단한 모터

전선 코일

전류 →
힘(움직임) →
자기장 →

이 경우 자기장 안을 지나가는 전자는 자신이 움직이는 방향의 90도 방향으로 힘을 받습니다. 그에 따라 회전축을 중심으로 **회전 모멘트**가 발생하고, 전선은 회전하게 됩니다. 이 **회전 토크**는 모터의 구동축을 통해 전달됩니다.

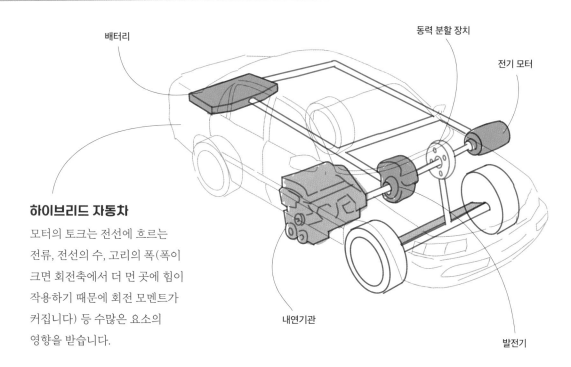

배터리

동력 분할 장치

전기 모터

내연기관

발전기

하이브리드 자동차

모터의 토크는 전선에 흐르는 전류, 전선의 수, 고리의 폭(폭이 크면 회전축에서 더 먼 곳에 힘이 작용하기 때문에 회전 모멘트가 커집니다) 등 수많은 요소의 영향을 받습니다.

자동차를 움직일 때처럼 큰 힘이 필요한 경우에는 이런 요소가 모두 커져야 합니다. 간단히 말하면, 큰 힘을 내기 위해 모터가 커져야 합니다.

사실 모터는 발전기 역할도 할 수 있습니다. 그 반대도 마찬가지입니다. 하이브리드 자동차가 이 원리를 이용합니다. 하이브리드 자동차는 휘발유를 이용해 달리는 동안 배터리를 충전합니다. 그리고 전기 모터로 달릴 때는 저장했던 배터리의 에너지를 사용합니다. 이런 특별한 장치를 **전동발전기**라고 부릅니다.

에너지의 손실과 전달

전자기 유도는 우리 가정에 전력을 공급하는 중요한 역할도 맡고 있습니다. 발전소에서 기계 에너지를 이용해
전기를 만든 뒤 전선을 통해 각 가정에 보내는 과정은 그다지 효율적이지 않을 수 있습니다.
에너지 손실을 최소화하려면 훨씬 높은 전압으로 '승압'해야 합니다. 이 과정은 변압기를 사용해 이루어집니다.

변압기

단단한 철심 주위에 전선을 여러 번
감습니다. 그리고 전원의 **기전력**을
이용해 교류 전류를 흘려줍니다.
그러면 철심 주위에 요동치는
자기장이 생깁니다. 이것을
1차 코일이라고 합니다.

철심의 반대편에 횟수를 달리 해서
전선을 감아 **2차 코일**을 만듭니다.
그리고 이것을 계속 바뀌는
자기장에 노출시킵니다.

1차 코일에 흐르는 교류 전기에
의해 자기장이 커졌다가 작아지면서
자기장은 2차 코일을 통과하며 그
안에 전류를 흐르게 합니다.

2차 코일에 전류가 흐르려면
기전력이 있어야 합니다. 만약 2차
코일에 전선을 더 여러 번 감았다면,
더 많은 전자가 움직이고, 따라서
더 큰 기전력이 필요합니다. 이것이
승압 변압기로, 2차 코일의 전압을
높여 줍니다. **감압 변압기**는 2차
코일에 전선을 덜 감은 것으로,
전압을 낮춰 줍니다.

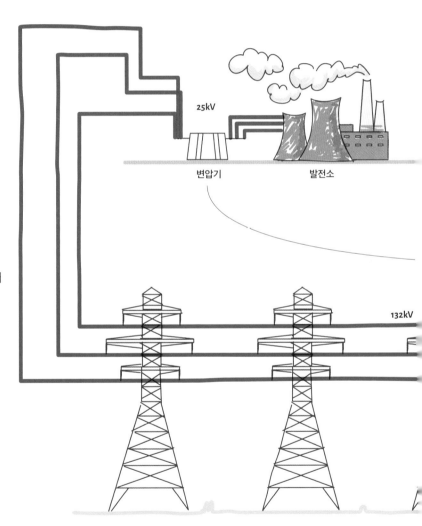

$$V_{출력} = \frac{N_s}{N_p} \times V_{입력}$$

발전소와 전 국토를 잇는 **송전선**을 **에너지 그리드**라고 합니다. 변압기는
에너지 그리드를 통해 전기를 보낼 때 전류와 전압을 바꾸어 에너지
손실을 줄이는 데 쓰입니다.

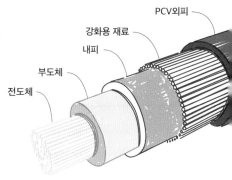

송전선은 굵은 전선 여러 개를 매우 튼튼한 부도체로 감싸 만듭니다.
송전선은 전기가 아주 잘 통하지만, 워낙 길다 보니 저항을 무시할 수
없습니다. 이 전기 저항 때문에 고전류가 흐를 때 발열(더 많은 전자가
흐를수록 열이 더 발생합니다)과 전력 손실이 일어납니다. 발열에 따른
전력 손실(P)은 저항값이 일정할 때, 전류에 크게 좌우됩니다.

송전선으로 먼 곳에 전기를 보낼 때는 높은 전압에 낮은 전류로 보내는 게 훨씬 더 효율적입니다. 그렇게 보낸
전기는 여러 단계의 변압 과정을 통해 전압을 낮춰 중공업, 경공업, 마지막으로는 소규모 산업체나 가정에
공급합니다. 변압기로 전압을 바꾸는 과정은 매우 효율적이지만, 여전히 철심에서 생기는 열과 소리를 통해
에너지를 일부 잃습니다.

$P=IV$와 $V=IR$에서 $P=I^2R$을 얻을 수 있다.

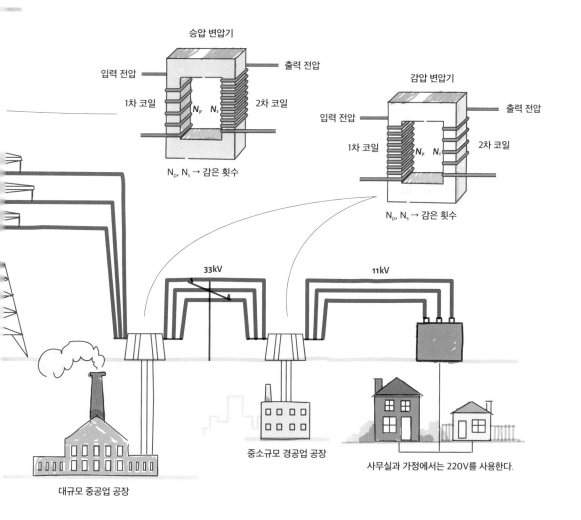

전자기 복사와 스펙트럼

빛의 파동은 서로 90도로 교차하며 진동하는 자기장과 전기장으로 이루어져 있습니다. 이를 **전자기 스펙트럼**이라고 하며, 에너지가 낮은 전파에서 에너지가 극도로 높은 감마선에 이르기까지 빛의 모든 진동수가 포함되어 있습니다.

전자기 복사

전자기 복사는 공간 또는 공기나 유리 같은 투명한 매질을 통해 에너지를 전달합니다. 전자기 복사의 속력은 매질의 성질에 따라 다릅니다. 진공에서 빛은 약 $3 \times 10^8 \text{m/s}$로 움직이며, 유리에서는 약 $2 \times 10^8 \text{m/s}$로 움직입니다. 예전에는 빛이 운동에너지를 지닌 작은 입자로 이루어졌다고 믿었습니다. 뉴턴이 처음으로 이런 발상을 했지요. 하지만 빛의 몇몇 성질은 이 입자 이론으로 설명하기 어려웠습니다. 1678년 네덜란드 물리학자 **크리스티안 하위헌스**Christiaan Huygens(1629~1695)는 빛이 움직이는 방향의 90도로 진동하는 파동으로 이루어졌다는 이론을 세웠습니다. 이것을 **하위헌스의 원리**라고 부릅니다.

사실 두 이론에는 모두 문제가 있습니다. 한 이론만 가지고는 특정 관측 결과를 설명하기 어렵지요. 이후 아인슈타인은 빛이 **광자**라는 에너지 덩어리로 이루어져 있다고 주장했습니다. 이때 광자 한 개는 특정한 크기(양자)의 에너지를 갖습니다. 광자의 에너지는 **진동수**(1초에 진동하는 횟수)에 따라 달라집니다.

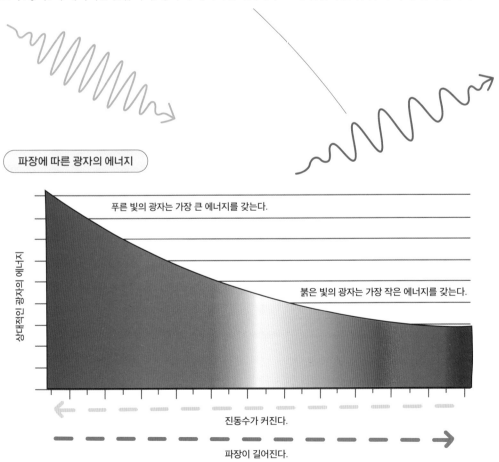

파장에 따른 광자의 에너지

푸른 빛의 광자는 가장 큰 에너지를 갖는다.

붉은 빛의 광자는 가장 작은 에너지를 갖는다.

상대적인 광자의 에너지

진동수가 커진다.

파장이 길어진다.

다른 광원들

전자기 복사는 여러 가지 원리로
일어납니다. 우리가 일상에서
보는 대부분의 빛은 태양 내부에서
핵융합으로 생겨 지구까지 날아온
뒤 물체 표면에서 반사되어 우리
눈에 들어옵니다. 하지만 지구에서도
화학 반응이나 핵반응으로, 혹은
따뜻하거나 뜨거운 물체에서 빛이
나올 수 있습니다.

예를 들어 금속은 뜨거워지면 빛을
냅니다. 온도가 높아지면 방출하는
광자의 에너지도 높아져 색이
바뀝니다.

반딧불이나 아귀 같은 생체발광
동물도 스스로 빛을 냅니다. 그 생물
자신 또는 세균이 일으키는 화학
반응으로 빛을 만들지요.

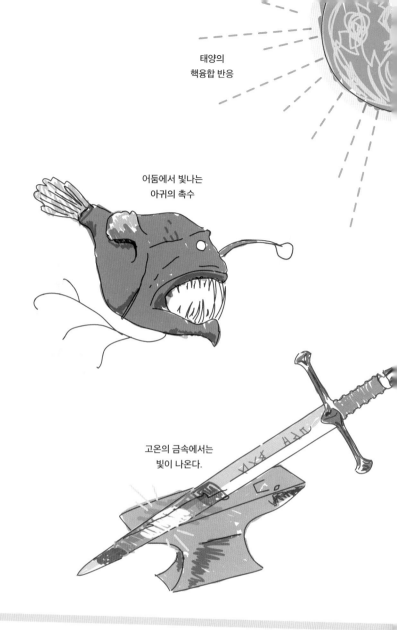

태양의
핵융합 반응

어둠에서 빛나는
아귀의 촉수

고온의 금속에서는
빛이 나온다.

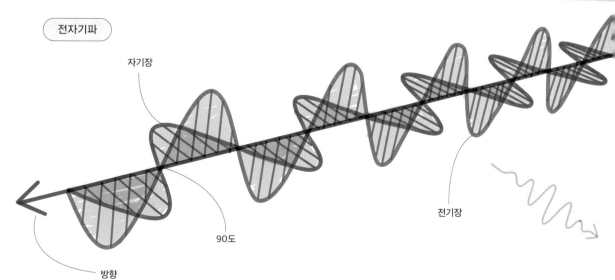

전자기파

자기장

90도

전기장

방향

전자기 스펙트럼

전자기 스펙트럼은 모든 에너지의 빛으로 이루어져 있습니다. 광자의 에너지는 진동수 f(헤르츠로 나타냅니다)와 파장 λ(미터로 나타냅니다)에 따라 달라집니다. 진동수가 높은 파동은 파장이 작고 에너지가 높습니다.

감마선은 가장 에너지가 높은 광자입니다. 핵반응이나 **초신성** 폭발처럼 우주에서 매우 에너지가 큰 사건이 벌어질 때 나옵니다.

엑스선은 블랙홀 주위에 있는 뜨거운 가스처럼 우주의 매우 뜨거운 몇몇 물체에서 나옵니다. 우리는 엑스선을 이용해 뼈 사진을 찍습니다. 피부는 통과하지만 뼈는 거의 통과하지 못하기 때문입니다.

자외선은 파란 빛 다음으로 에너지가 높은 빛으로, 우리 눈에 보이지 않습니다. 태양에서 상당히 많이 나오지만, 에너지가 높은 자외선 일부는 지구 대기에서 흡수됩니다. 자외선은 피부 손상과 암을 일으킬 수 있어 위험합니다.

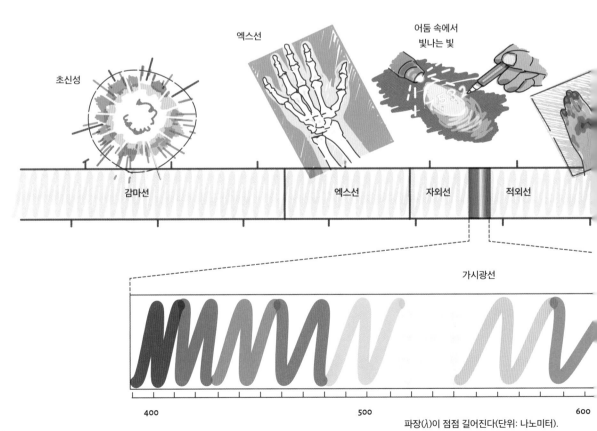

파장(λ)이 점점 길어진다(단위: 나노미터).

일상 속의 전자기파

전자기 스펙트럼은 일상생활과 과학, 의학 같은 여러 영역에서 쓰이고 있습니다. 병원에서 쓰이는 엑스선에서 밤에 따뜻한 물체를 감지하는 데 쓰이는 적외선 스캐너, 전파와 휴대전화, 방송에 쓰이는 마이크로파에 이르기까지 우리 모두는 다양한 스펙트럼의 전자기파를 유용하게 활용하고 있습니다.

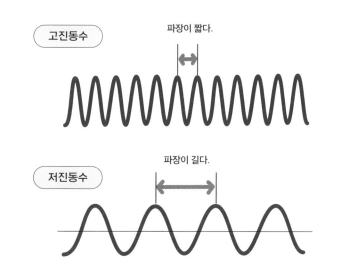

고진동수

파장이 짧다.

저진동수

파장이 길다.

적외선은 동물처럼 따뜻한 물체에서 나오는 전자기파의 일부입니다. 어두운 곳에서 따뜻한 물체를 찾을 때 쓸 수 있습니다.

마이크로파는 스펙트럼의 다음 영역입니다. 휴대전화에 쓰이며, 특정 진동수에서는 물을 데울 수 있습니다.

전파는 가장 진동수가 낮은 영역으로, 에너지가 가장 낮습니다. 전자기파 스펙트럼에서 넓은 영역을 차지하며, 통신과 방송에 폭넓게 쓰입니다.

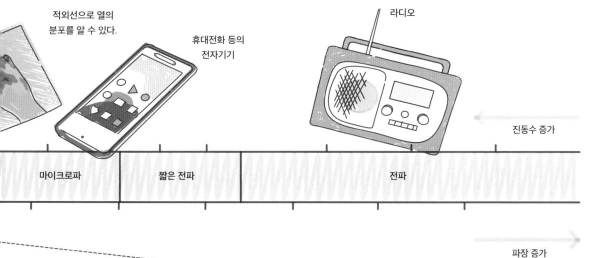

적외선으로 열의 분포를 알 수 있다.

휴대전화 등의 전자기기

라디오

진동수 증가

마이크로파

짧은 전파

전파

파장 증가

우리 눈에 보이는 스펙트럼 영역은 **가시광선**이라고 부르며, 전체 전자기파 스펙트럼에서 극히 일부만을 차지합니다. 가장 에너지가 낮은 빛은 붉은 빛이고, 가장 에너지가 높은 빛은 푸르게 보입니다.

700

자기장 안에서 움직이는
전도체는 기전력을 유도한다.

패러데이의 법칙

기전력 유도

세 방향의 벡터(전선의
움직임, 자기장, 전류)는
언제나 서로 90도를 이룬다.

플레밍의 왼손 법칙

검지를 자기장의 방향으로, 중지를 전류의
방향으로 향하면, 엄지는 힘 또는 움직임의
방향을 가리킨다.

유도

보존 법칙

스펙트럼

모든 에너지의
빛으로 이루어진다.

미터로 나타낸 파동 사이이 거리.
파장이 길수록 진동수가 낮다.

파동이 반복되는 횟수로,
헤르츠로 나타낸다.

파장

진동수

감마선

엑스선

자외선

빛의 파동은 서로 90도를
이루며 진동하는 자기장과
전기장이 만드는 결과물이다.

전자기 스펙트럼

전자기파

가시광선

적외선

마이크로파

전자기 복사

전파

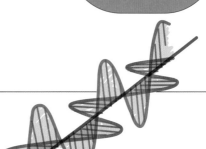

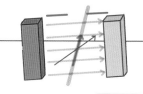

유도 각도

전선과 자기장 사이의 각도.
각도가 90도에서 줄어들수록
전류의 세기가 약해진다.

기계 에너지를 전기 에너지로
바꾸어준다.

발전기

전동발전기

하이브리드 자동차처럼 기계 에너지로 전기를
만들 수 있고, 반대로 바꿀 수도 있는 장치

전자기 유도

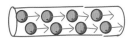

전기 모터

전기 에너지를 기계
에너지로 바꾸어준다.

교류

방향과 크기가
주기적으로 바뀌는 전류

에너지 그리드

발전소와 송전선으로 이루어져
교류를 이용해 먼 곳까지
전기를 보낼 수 있는 네트워크

에너지 전달

변압기

승압 변압기

전압을 높인다.

감압 변압기

전압을 낮춘다.

송전선

전류를 보내기 위해 부도체로
튼튼하게 감싸 만든 전선으로,
공중에 매달거나 땅속에 묻는다.

기타 발광체

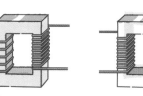

생체발광

일부 물고기, 곤충,
식물은 스스로 빛을 낸다.

열

뜨거워진 금속과
불타는 나무나 석탄은
열과 함께 빛을 낸다.

에너지 손실

변압기가 전압을 바꾸는
과정에서 열과 소리의 형태로
일부 에너지가 손실된다.

8장

파동

파동은 매질을 통해 한곳에서 다른 곳으로 에너지를 실어
나릅니다. 전자기파는 별 안에서 핵융합으로 생겨난 에너지를
진공인 우주 공간과 지구의 대기 건너편으로 전달합니다.
수면의 파동은 물 분자의 수직 진동을 통해 바다 저편의 폭풍
에너지를 실어 나릅니다. 소리도 파동의 한 종류로, 공기나
물처럼 진동을 통해 움직일(전파라고 합니다) 수 있게 해주는
유체가 필요합니다. 파동에는 진동, 에너지 전달, 파동의 성질 등
종류와 무관히게 여러 가지 **공통점**이 있습\|ㅣ다.

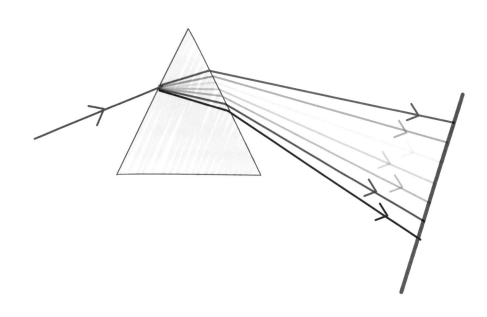

진폭과 진동수, 주기

여러 가지 파동과 그 성질에 관해 알아보기 전에 모든 파동에 공통으로 있는 물리적 성질을 정의하는 것이 중요합니다. 파동은 기본적으로 **진동** 또는 어떤 형태의 에너지가 주기적으로 움직이는 것을 말합니다. 완전히 한 번 진동하는 데 걸리는 시간은 일정하며, 이 시간을 그 파동의 주기 *T*라고 부릅니다.

주기는 파동이 전파할 때 파동이 똑같이 보이는 가장 짧은 단위입니다. 1초에 똑같은 영역이 몇 번 나타나는지를 파동의 **진동수** *f*(헤르츠로 나타냅니다)라고 부릅니다. 주기와 진동수는 오른쪽 공식으로 나타낼 수 있습니다.

$$T = \frac{1}{f}$$

어떤 파동의 주기는 파동이 마루에 도달했다가 다음 번 마루에 도달할 때까지 걸리는 시간으로 측정합니다. 마루와 마루 사이의 거리를 **파장**이라고 부르며, 그리스 문자 λ(람다)로 나타냅니다. 단위는 미터입니다.

모든 파동에는 **평형점**(치우치지 않는 지점)이 있습니다. 평형점은 모든 입자의 평균 변위로 정의합니다. 평형점에서 가장 먼 지점까지의 거리를 파동의 **진폭** *A*라고 합니다. 파동의 가장 높은 곳은 **마루**라고 부르며, 가장 낮은 곳은 **골**이라고 합니다.

파동의 주기

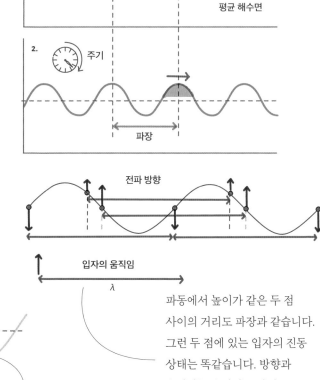

파동에서 높이가 같은 두 점 사이의 거리도 파장과 같습니다. 그런 두 점에 있는 입자의 진동 상태는 똑같습니다. 방향과 움직이는 속력이 똑같지요.

101

단순 조화 진동

시간의 흐름에 따라 계속 반복되며 이리저리 움직이는 물리적 성질을 진동이라고 합니다.
고정된 한 점과 물체 사이의 변위 또는 전자기파에서 전기장과 자기장의 세기 변화가 그런 사례입니다.

진동은 본래 주기적입니다. 그리고 일정한 시간 간격으로 변화가 반복되지요. 하지만 시간이 흐르면서
에너지를 잃거나 얻으면 변화의 최대 **크기**(진폭)가 바뀔 수 있습니다. **단순 조화 진동**에서는 다시
평형점으로 되돌아가려는 복원력을 받습니다. 복원력의 크기는 변위의 크기에 직접적인 영향을 받습니다.

끈에 매달린 채 원을 그리며 움직이는 공이 있다고 상상해보세요. 만약 공에 빛을 비추면 화면에 생기는
그림자는 평형점을 사이에 두고 왔다 갔다 하는 것처럼 보입니다.

그림자는 평형점 부근에서 가장 빠르게 움직입니다. 그리고 양 끝에서는(공이 빛과 평행에 가깝게 움직일
때) 천천히 움직입니다. 이때 그림자의 움직임을 단순 조화 진동이라고 할 수 있습니다.

평형점을 기준으로 그림자의 변위 x는 양수이거나 음수입니다. 만약 변위-시간 그래프(34쪽을 보세요)를
그리면 출발점에 따라 완벽한 사인 또는 코사인 파동이 나옵니다.

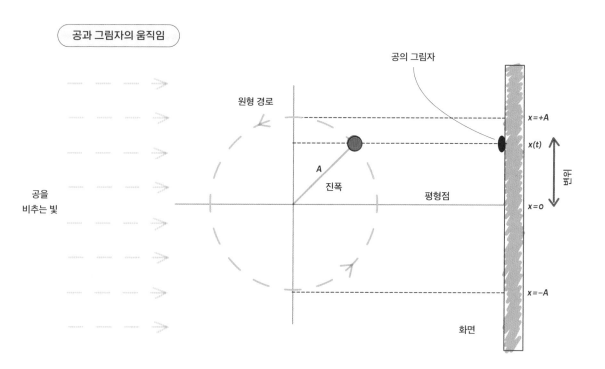

공과 그림자의 움직임

단순 조화 진동의 성질

단순 조화 진동을 하는 물체는 평형점으로부터의 거리에 따라
속도가 달라지며 이쪽저쪽으로 움직입니다. 가속의 방향은
언제나 중심을 향해 있습니다. 물체의 속력은 중심으로 갈수록
커지고, 중심을 지난 뒤부터는 작아집니다.

물체의 가속도는 중심점 x로부터의 거리에 비례하며, 방향은
중심점을 향하고 있습니다.

이것이 바로 단순 조화
진동의 정의입니다.
현실 세계에는 이런
특징을 보여주는
현상이 많습니다. 예를 들어,
번지 점프가 그렇습니다.

변위, 속도, 가속도 같은 단순
조화 진동의 각 성질은 모두
사인 곡선을 그립니다. 즉,
사인 파동과 같은 부드러운
곡선이라는 뜻입니다. 변위가
커짐에 따라 중심을 향한
가속도가 커지고 속력은
느려집니다. 반대 면에 있는 공과
그림자의 운동을 나타낸 아래
그래프는 이런 운동의 성질을
간단히 보여줍니다.

번지 점프

사람이 처음 뛰어내릴 때는
중력에 의한 퍼텐셜에너지가 크다.

떨어지면서
퍼텐셜에너지가
운동에너지로 바뀐다.

줄이 최대로 늘어나면
운동에너지가 줄에 흡수되며
탄성 퍼텐셜에너지로 바뀌어
다시 사람을 끌어 올린다.

에너지를 모두 잃을 때까지
사람은 계속 진동한다.

공과 그림자 그래프

단진자

반대쪽 끝이 고정된 줄에 매달려 자유롭게 왔다 갔다 진동할 수 있는
물체(추)는 진동의 진폭 A가 줄의 길이 l에 비해 작고 줄의 질량이 물체에
비해 작을 경우 단순 조화 진동처럼 움직입니다.

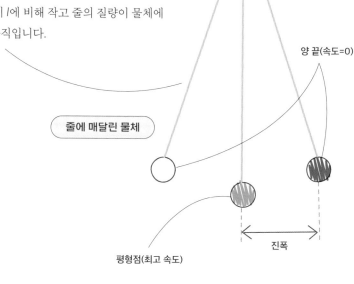

길이 l

양 끝(속도=0)

줄에 매달린 물체

진폭

평형점(최고 속도)

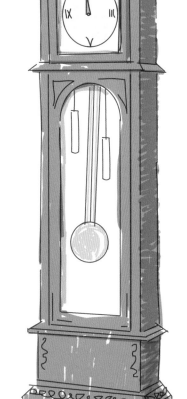

추시계

이와 같은 형태를 **단진자**라고 합니다. 옛날에 사용하던 커다란 추시계가
작동하는 원리지요. 완전히 한 번 움직이는 데 걸리는 시간인 주기 T는
줄의 길이에 따라 달라지지만 추의 무게와 진폭(작을 경우에 한해)에는
영향을 받지 않습니다.

단진자를 이용해 지구의 중력가속도 g를 구할 수도 있습니다. 아주 긴
줄로 진자를 만들고 여러 번(측정의 정확도를 높일 수 있습니다) 진동
주기를 재면, 공식을 이용해 g값을 구할 수 있지요. 실제로 이 방법은
중력가속도를 구하는 데 쓰이고 있으며, 매우 정확해서 서로 높이가
다른 산 위에서 잴 때의 미세한 변화도 알아낼 수 있습니다.

주기와 줄의 길이 l 사이의 관계는 다음과 같습니다. 이때 g는 지구의
중력가속도입니다.

$$T = 2\pi \sqrt{\left(\frac{l}{g}\right)}$$

추시계의 운동 주기는 정확히 2초입니다. 따라서 추가 한
번 움직이는 데 정확히 1초가 걸립니다. 이에 해당하는
진자의 길이는 거의 1미터에 달합니다. 그래서 이런
시계는 덩치가 매우 크지요.

질량-용수철 진동

질량-용수철 진동은 용수철에 매달린 질량의 운동에너지와 퍼텐셜에너지가 서로 바뀌며 용수철에 에너지가 저장되는 원리를 이용합니다. 질량 m인 물체는 용수철 상수(용수철의 세기)가 k인 용수철에 매달려 있습니다. 물체를 잡아당겨 평형점 A로부터 조금 떨어지게 한 뒤 놓습니다. 그러면 용수철 에너지와 물체의 운동에너지가 서로 바뀌면서 물체가 진동합니다.

단진자와 달리 용수철에 매달린 물체는 양옆에 아니라 위아래로 진동합니다. 후크의 법칙(14쪽을 보세요)에서 살펴본 것처럼 용수철의 복원력은 평형점과 물체 사이의 변위에 비례합니다($F=kx$).

뉴턴의 운동 제2법칙($F=ma$)에 따라 질량이 m인 물체의 가속도 a는 아래와 같이 구할 수 있습니다.

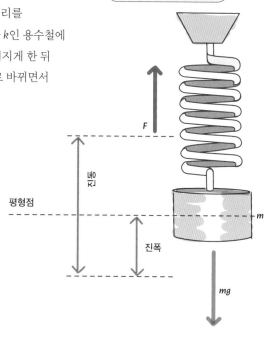

용수철에 매달린 물체

$$a = \frac{F}{m}$$

두 공식을 합하면, 다음과 같은 공식을 얻습니다.

$$a = \frac{k}{m}x$$

k와 m은 정해져 있는 상수이므로 단순 조화 진동을 만족합니다. 이 경우 물체의 가속도는 질량 m과 용수철의 세기 k의 직접적인 영향을 받습니다.

주기는 다음 공식으로 구할 수 있습니다.

$$T = 2\pi\sqrt{\left(\frac{m}{k}\right)}$$

이 공식은 용수철의 k값을 구하는 데 쓰일 수도 있습니다.

자동차 완충장치

질량-용수철 진동은 자동차의 완충장치처럼 실용적인 쓰임새가 많습니다. 부드러운 승차감을 위해서는 자동차의 진동을 최소화해야 합니다. 자동차 바퀴에는 용수철 상수가 매우 큰 용수철이 연결되어 있는데, 이 용수철은 진동 주기가 매우 짧아서 자동차의 위아래 움직임을 줄여줍니다.

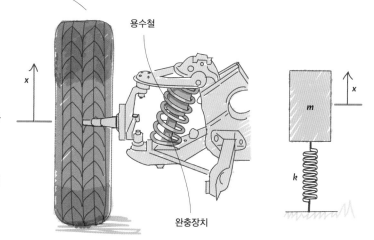

용수철

완충장치

진행파

진행파는 단순 조화 진동과 똑같은 방식으로 진동하며 파동의 전파 방향으로 한곳에서 다른 곳으로 에너지를 전달합니다. 에너지 전달은 파동 입자가 위아래(횡파) 또는 앞뒤로(종파) 진동하면서 이루어집니다.

횡파와 종파

진행파는 두 종류로 나눌 수 있습니다. 횡파와 종파입니다.

횡파는 입자의 진동 방향과 에너지 전달 방향이 90도를 이룹니다.

종파의 입자는 에너지 전달 또는 전파와 같은 방향으로 앞뒤로 진동합니다. 종파의 예로는 소리와 충격파가 있습니다.

수면파는 움직이면서 입자가 위아래로 움직입니다(바다에 떠 있는 배를 상상해보세요).

횡파

파장

에너지 전달 방향

압축   팽창

종파

파장

빛은 진공이나 공기, 유리 속에서 직선으로 움직입니다. 앞서 우리는 빛의 전기장과 사기장이 운동 방향과 90도로 진동한다는 사실을 살펴보았습니다(82쪽을 보세요).

두 종류의 파동 모두 진동하며 에너지를 전달하는 것은 같습니다. 둘을 구분하는 건 에너지 전달 방향에 대한 진동 방향의 차이입니다.

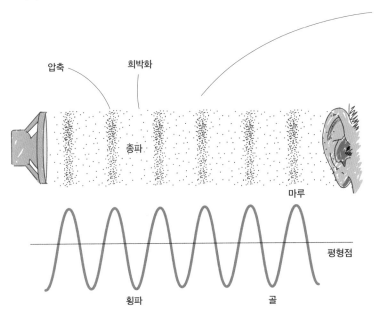

압축   희박화

종파

마루

평형점

횡파   골

음파

소리는 공기나 물 같은 유체를 통해 움직입니다. 소리가 나는 것도 유체에 갑자기 변화가 생겼기 때문이지요. 이런 변화(물 위에 돌을 던졌다거나)는 입자에 에너지를 제공하고, 입자는 앞뒤로 진동합니다. 이 에너지는 이웃한 입자로 전달되면서 원래의 장소에서 바깥쪽으로 퍼져 나갑니다.

평형점에 대한 각 입자의 위치는 사인파처럼 보이는 그래프로 나타낼 수 있습니다.

파장과 속력

파장과 파동의 속력은 서로 관련이 있습니다.
어느 하나가 변하면 다른 하나도 변합니다.
파동의 속력 v는 파동이 통과하는 매질에 따라
달라지며 그 외에는 영향을 받지 않습니다.

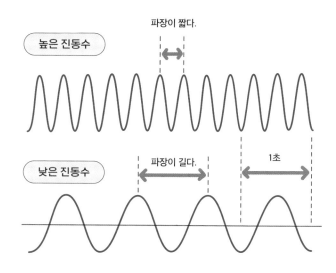

파동의 **주기**는 이동하는 파동이 똑같이
반복되는 최소 시간 간격 또는 파동이
정확히 파장(λ)만큼의 거리를 이동하는 데
걸리는 시간입니다. 파장이 짧을수록 주기는
짧아지며, 1초에 더 많이 진동합니다. 1초에
진동하는 횟수가 바로 **진동수** f입니다.

어떤 매질에서 속력 v는 일정하기 때문에 파장 λ가 작아질수록 진동수는 커집니다.
그 반대도 마찬가지입니다. 이것을 오른쪽 공식으로 나타낼 수 있습니다.

$$v = f\lambda$$

이 관계를 이용하면 파장과 진동수를 알고 있을 때 파동의 속도를 정확하게 계산할 수 있습니다.

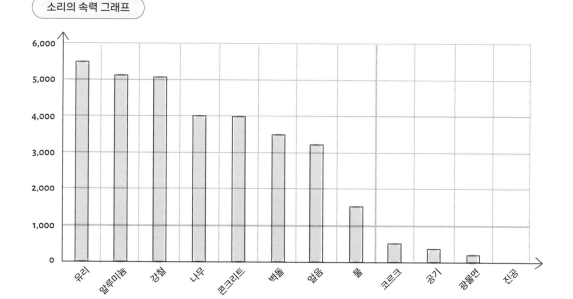

소리의 속력 그래프

소리의 속력은 음파가 통과하는 매질의 종류에 따라 크게 달라집니다. 공기 중에서 소리의 속력은 간단한
실험으로 알아낼 수 있습니다. 이 속력은 공기의 온도에 따라 조금씩 달라지지만, 지구의 해수면 높이에서는
대체로 일정합니다.

원하는 진동수의 소리를 내는 장치에 스피커를 연결하면, 마이크를 이용해 음파의 파장을 측정할 수 있습니다.
음파의 반사와 **음파 간섭 현상**을 이용하는 원리입니다.

파동의 성질

모든 파동에는 매질을 통과하는 움직임에 영향을 끼치는 공통 성질이 있습니다.
모든 파동은 **반사**되고, **굴절**되며, **회절**합니다. 각 성질은 파장의 속력과 이동 방향, 또는 둘 다를 바꾸어놓습니다.

반사

모든 파장은 종류에 따라 다양한 경계 또는 표면에서 반사될 수 있습니다.
빛은 유리나 금속처럼 반짝이는 표면에서 반사됩니다. 소리는 단단한
표면에서 반사되며(반향을 만듭니다), 음파는 수면 위의 단단한
경계(커다란 바위 같은)에서 반사됩니다.

경계를 향해 움직이는 파동을 **입사파**,
경계에 반사되어 나가는 파를 **반사파**라고
부릅니다.

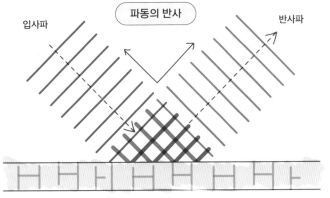

표면에 수직인 선과 일정한 각도 θ를 이루며 들어온 파장은 그와 똑같은 각도로 반사되어 나갑니다. 이 두 각도를
각각 **입사각**과 **반사각**이라고 부릅니다.

파동이 반사되지 않는다면, 우리는 눈으로 볼 수 있는 게 거의 없을 겁니다. 빛은 태양에서 나와 지구로
날아옵니다. 지구 대기를 통과한 빛은 우리 주위의 모든 물체 표면을 때립니다. 물체 표면의 성질에 따라 그 빛의
일부 또는 전부가 사방으로 반사됩니다.

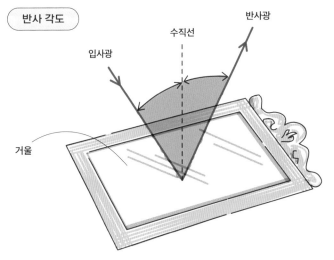

태양 빛은 가시광선의 모든 색을
전부 담고 있습니다. 검은 물체는
빛을 반사하지 않지만, 하얀
물체는 모든 진동수의 빛을 똑같이
반사합니다. 빛을 반사하는 표면은
대단히 많은데, 모두 우리에게
다른 색으로 보입니다.

굴절

굴절은 빛이 파동의 속력과 이동 방향을 모두 바꾸는 성질입니다. 굴절은 파면의 전파를 느리게 하고, 그 결과 움직이는 방향이 달라집니다.

빛의 경우 굴절은 파면이 어느 한 투명 매질(공기 같은)에서 다른 투명 매질(물과 같은)로 움직일 때 일어납니다. 광학 밀도가 높은 매질로 움직일 때 파면은 느려지고, 그 결과 파장이 줄어듭니다.

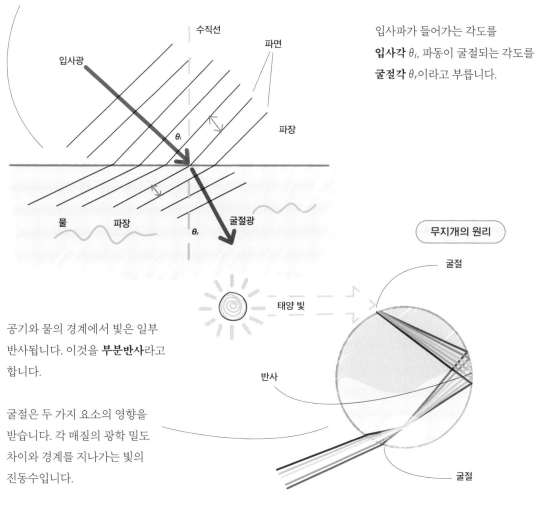

입사파가 들어가는 각도를 **입사각** θ_i, 파동이 굴절되는 각도를 **굴절각** θ_r이라고 부릅니다.

공기와 물의 경계에서 빛은 일부 반사됩니다. 이것을 **부분반사**라고 합니다.

굴절은 두 가지 요소의 영향을 받습니다. 각 매질의 광학 밀도 차이와 경계를 지나가는 빛의 진동수입니다.

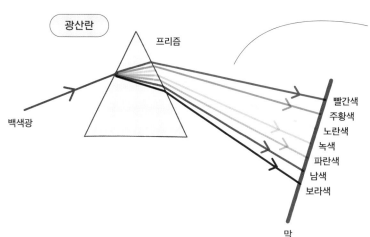

빛의 진동수는 굴절각에 영향을 끼칩니다. 붉은 빛은 가장 적게 굴절되고, 푸른 빛이 가장 많이 굴절됩니다. 이는 유리로 만든 프리즘으로 빛을 통과시킬 때 볼 수 있는 **광산란** 현상을 일으킵니다. 태양 빛이 공기와 물방울의 경계에서 굴절되면서 무지개가 생기는 이유가 바로 이것입니다.

회절

회절(구부러짐)은 파동의 방향과
파면의 속력이 바뀌게 합니다.
파동이 똑같은 매질에서 가림막에
있는 틈을 통과하거나 장애물을
돌아갈 때 회절이 일어납니다.
곧게 뻗어나가던 파면이 구멍을
통과하면 넓게 퍼지면서 바깥을
향해 휘어 둥근 패턴을 그립니다.

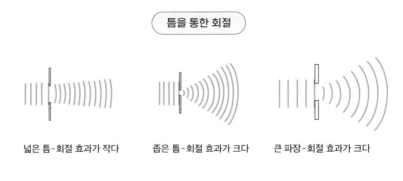

틈을 통한 회절

넓은 틈 - 회절 효과가 작다   좁은 틈 - 회절 효과가 크다   큰 파장 - 회절 효과가 크다

회절 효과의 크기는 파동이 통과하는 틈의 크기 대비 파장의 길이에 따라 다릅니다. 틈과 비교해 파장이 클수록
회절이 더 많이 일어납니다. 빛이나 물, 소리의 파동은 모두 회절 현상을 일으킵니다.

진동수가 낮은 소리는 커다란 물체를 더 잘 돌아갑니다. 파장이 장애물의 크기와 더 비슷하기 때문입니다. 그래서
진동수가 낮은 소리는 진동수가 높은 소리보다 산란이 더 잘되어 장애물이 있어도 더 잘 들립니다.

물체 돌아가기

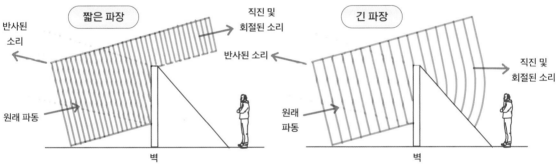

전파 통신도 회절에 큰 영향을 받습니다. 전파 송신은 다양한 진동수로 이루어집니다.

파장이 짧은 전파는 언덕과 같은 큰 물체에 가로막히지만, 파장이 긴 전파는 그 주위로 쉽게 회절합니다.
언덕과 같은 장애물 뒤에 있어 전파 수신이 잘 안 되는 지역을 **음영지역**이라고 합니다. 음영지역에서도 파장이
긴 전파는 수신이 잘되지만 짧은 전파는 수신할 수 없습니다.

음영지역

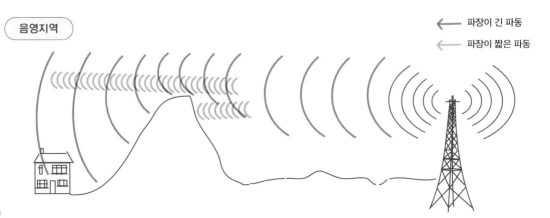

← 파장이 긴 파동
← 파장이 짧은 파동

간섭과 정상파

두 진행파가 만나 서로 상호작용할 때 두 파동은 하나가 되어 골과 마루가 더욱 커지거나 부분적으로 또는 완전히 상쇄되어 사라집니다. 이것이 **간섭**이라는 현상으로, 정상파가 만들어지는 원리입니다.

간섭

파장과 진동수가 똑같은 두 파동이 정확히 똑같이 겹칠 수 있을 때 이런 파동을 **가간섭성 파동**이라고 합니다. 파장과 진동수가 서로 다른 파동이 겹칠 때는 비간섭성 파동이라고 부릅니다.

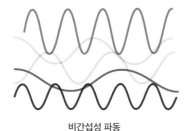

비간섭성 파동

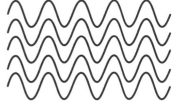

가간섭성 파동

가간섭성 파동 두 개가 똑같은 또는 반대 방향으로 움직일 때 마루나 골이 정확히 겹치면 그 둘은 서로를 보강해 마루와 골이 훨씬 더 커집니다. 이것이 **보강간섭**입니다.

만약 한 파동의 골과 진폭이 똑같은 다른 파동의 마루가 겹친다면, 서로 상쇄해 평평해집니다. 이것이 **상쇄간섭**입니다.

낚시꾼 두 사람이 동시에 물의 다른 지점에 낚싯줄을 던지면, 잔물결이 둥글게 퍼져 나갑니다. 이 둘이 상호작용하면서 보강간섭이 일어나는 곳에서는 **마루**와 **골**이 커지고, 상쇄간섭이 일어나는 곳에서는 마루와 골이 만나 평평해집니다.

마루와 마루가 정확하게 일치하는 파동은 **위상이 같다**고 하며, 보강간섭을 일으킵니다. 두 파동이 서로 지나갈 때 마루끼리 정렬하지 않는 경우도 있습니다. 만약 마루와 골이 만난다면 파동은 파장의 절반만큼 정렬이 어긋난 것입니다. 이때는 **위상 차이**가 180도라고 말합니다.

마루끼리 겹친 곳

마루와 골이 겹친 곳

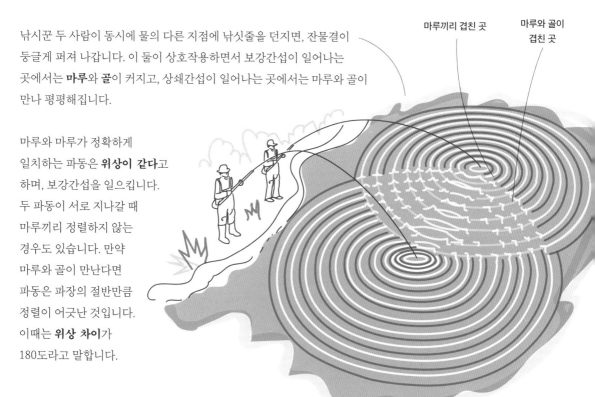

정상파

파동이 장애물을 향해 움직이다가
반사되면 반대 방향으로 움직이는
똑같은 파동과 만날 수 있습니다.

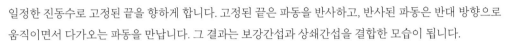

한쪽이 고정되어 있고 다른 한쪽은
자유롭게 움직일 수 있는 줄이 있고,
그 길이가 *L*이라고 생각해 보세요.
자유로운 끝에서 **진행파**가 나와
일정한 진동수로 고정된 끝을 향하게 합니다. 고정된 끝은 파동을 반사하고, 반사된 파동은 반대 방향으로
움직이면서 다가오는 파동을 만납니다. 그 결과는 보강간섭과 상쇄간섭을 결합한 모습이 됩니다.

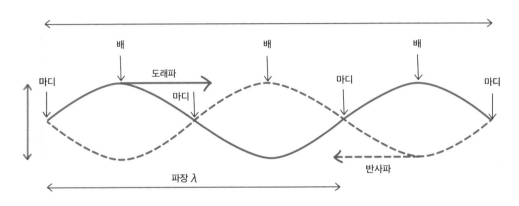

특정 진동수에서 **반사파**는 **도래파**와 정확히 같은 위상에서 만납니다.
만약 줄의 길이가 움직이는 파동의 파장을 절반으로 나눈 값의
배수라면 반사된 파동은 들어오는 파동과 겹치게 됩니다.

그 결과 줄의 일정한 위치(**마디**)에서는 상쇄간섭이 일어나고, 다른
곳(**배**)에서는 보강간섭이 일어납니다. 배는 일정한 진동수로 위아래로
진동합니다.

똑같은 진동수로 깜빡이는 빛으로 이 줄을 비추면 줄이 가만히 멈춰
있는 것처럼 보입니다. 그래서 **정지파**라고도 부릅니다.

배음

기타 줄의 길이를 정수로 나눈
길이에 해당하는 부분을 튕기면
정상파가 생깁니다. 이때 나오는
음을 **배음**이라고 합니다. 기타
줄을 가운데에서 튕겼을 때
나오는 음을 기본음 또는 1차
배음이라고 부릅니다. 만약 4분의
1 부분을 튕긴다면 나오는 음은
2차 배음이며, 계속 이런 식으로
이어집니다.

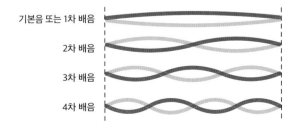

기본음 또는 1차 배음

2차 배음

3차 배음

4차 배음

도플러 효과

파동을 일으키는 물체가 움직일 때 소리나 전자기파 등 그 물체에서 나오는 파동의 진동수는 달라집니다.
파장이 줄어들거나 늘어나지요. 이런 현상을 **도플러 효과**라고 합니다.

소리는 공기 중에서 초속 340m라는 일정한 속도로 움직입니다. 진동수에 따라 소리의 높낮이가 달라집니다. 진동수가 클수록 높은 소리가 나지요.

만약 사이렌을 울리는 구급차와 같은 물체가 우리를 향해 움직이고 있다면, 파장이 줄어들어 원래보다 진동수가 큰, 즉 높은 소리가 납니다.

구급차가 우리를 지나쳐 멀어지고 있다면, 마치 소리를 잡아 늘인 것처럼 파장이 늘어나 진동수가 작아집니다. 진동수가 변하면 소리의 높이도 변합니다. 실제와 다르게 들리는 것이지요. 이것이 **도플러 효과**입니다.

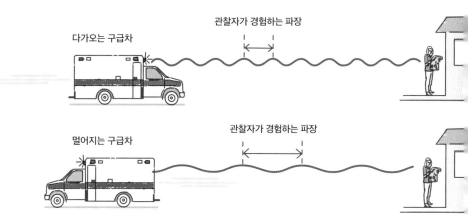

속도 측정하기

속도 측정하기

도플러 효과는 자동차의 속도를 측정하는 데 쓰입니다. 과속 감지 카메라는 진동수가 높은 전파(**레이더**) 신호를 발사합니다. 전파는 다가오는 자동차에 반사되며 자동차의 속도에 따라 압축됩니다. 이를 카메라로 측정한 뒤 진동수가 얼마나 변했는지를 이용해 자동차의 속도를 계산합니다.

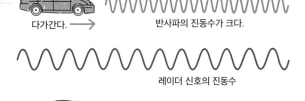

발사한 전파의 진동수와 측정한 전파의 진동수를 다음 공식에 넣으면 자동차의 속도를 구할 수 있습니다.

$$f_o = \frac{v}{v - v_e} f_e$$

여기서 f_e는 과속 감지 카메라가 발사한 신호의 진동수이고, f_o는 자동차에 반사된 신호의 진동수입니다. v_e는 자동차의 속도고, v는 발사한 전파의 속도입니다.

✓ 다시 보기

진동수

파동이 지나갈 때 1초 동안 똑같은
모습이 보이는 횟수

파동 측정

진폭

평형점에서 마루
또는 골까지의 거리

주기

완전히 한 번 진동하는 데
걸리는 시간. 주기가 짧을수록
파장이 짧고 진동수는 더 크다.

파장

파동 위의 두 비슷한
점 사이의 거리

파동

움직이는 물체에서 나온
파동은 진동수가 변한다.
관찰자에게 다가올 때는
파장이 짧아지고, 멀어질
때는 길어진다.

도플러 효과

파동이 충돌하며
서로 보강한다.

보강간섭

도플러 편이

간섭

과속 감지 카메라

도플러 효과를 이용해
자동차의 속도를 측정한다.

정상파

물체에서 반사된 파동이 똑같은 진동수로 들어오는
파동과 만날 때 만약 파동원과 물체 사이의 거리가
파장을 절반으로 나눈 값의 배수라면 정상파가 생긴다.

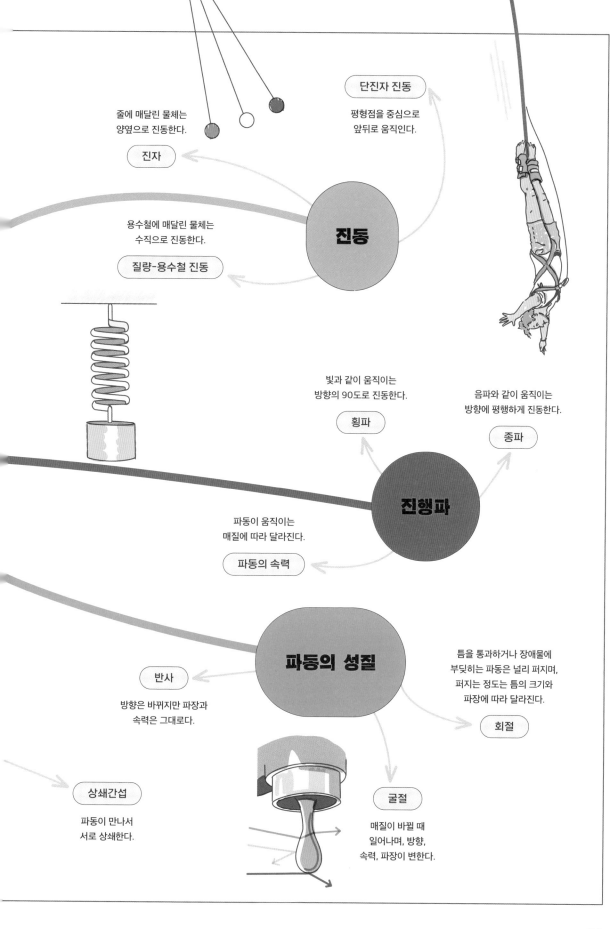

줄에 매달린 물체는
양옆으로 진동한다.

진자

단진자 진동

평형점을 중심으로
앞뒤로 움직인다.

용수철에 매달린 물체는
수직으로 진동한다.

질량-용수철 진동

진동

빛과 같이 움직이는
방향의 90도로 진동한다.

횡파

음파와 같이 움직이는
방향에 평행하게 진동한다.

종파

진행파

파동이 움직이는
매질에 따라 달라진다.

파동의 속력

파동의 성질

틈을 통과하거나 장애물에
부딪히는 파동은 널리 퍼지며,
퍼지는 정도는 틈의 크기와
파장에 따라 달라진다.

회절

반사

방향은 바뀌지만 파장과
속력은 그대로다.

상쇄간섭

파동이 만나서
서로 상쇄한다.

굴절

매질이 바뀔 때
일어나며, 방향,
속력, 파장이 변한다.

115

9장

광학

광학은 빛을 탐구하는 물리학의 한 분야입니다. 전자기파인
빛은 반사, 굴절, 회절, 간섭 등 모든 파동이 따르는 법칙을
똑같이 따릅니다. 이런 성질은 다양한 용도로 쓰일 수 있습니다.
거울, 렌즈, 초고속 통신에 쓰이는 광섬유처럼 우리의 삶에
커다란 영향을 끼친 신기술 등이 그런 사례입니다. 3D 영화도
3D 안경을 통과하는 빛의 편광 현상을 이용하지요.

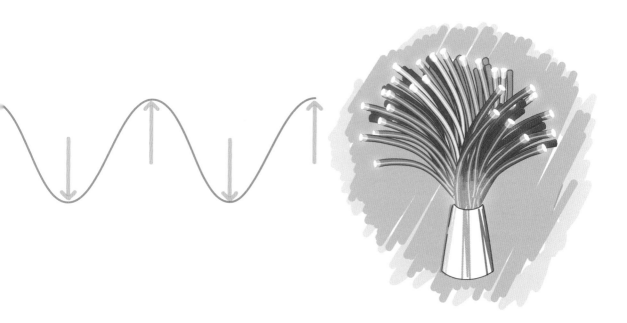

반사의 법칙

어떤 표면에 부딪힌 파동은 반사됩니다. 가시광선뿐만 아니라 모든 파장의 빛은 반사됩니다.
반사되는 양은 표면의 성질에 따라 달라집니다. 대부분의 물질은 특정 진동수의 빛을 흡수합니다.
하지만 거울 같은 몇몇 물체는 반사율이 매우 높습니다.

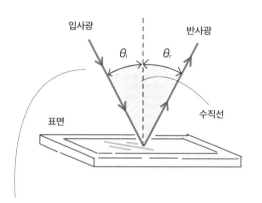

반사의 두 가지 기본 법칙
1. 입사광과 반사광, 수직선은 모두 같은 평면 또는 표면 위에 있다.
2. 입사광과 수직선 사이의 각도 θ_i는 반사광과 수직선 사이의 각 θ_r과 같다.

모든 전자기 복사는 반사될 수 있습니다. 하지만 표면의 성질과 입사광의 진동수에 따라 반사되는 양이 달라집니다.

강한 태양 빛은 검은 표면에 쉽게 흡수되고, 흰색이나 금속성 표면에서 잘 반사됩니다. 태양 빛은 얼음과 눈에도 잘 반사되지만, 물에는 흡수됩니다. 들어온 태양 빛과 반사된 태양 빛의 비율을 **알베도**라고 합니다.

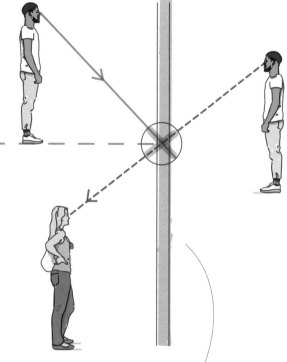

거울은 반사가 매우 잘됩니다. 우리가 거울을 바라보는 각도와 멀리 떨어진 어떤 사람이 거울을 바라보는 각도가 같다면, 우리는 거울 속에서 그 사람의 모습을 볼 수 있습니다.

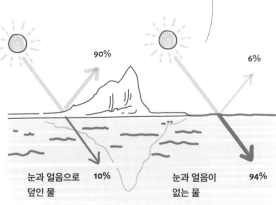

90%

6%

눈과 얼음으로 덮인 물   10%

눈과 얼음이 없는 물   94%

117

굴절과 스넬의 법칙, 내부 전반사

앞서 살펴보았듯이 빛이 비스듬한 각도로 한 투명 매질에서 다른 매질로 옮겨 갈 때는 굴절이 됩니다.
빛의 파장과 속력, 방향이 바뀌지요. 그중 일부는 반사되기도 합니다. 이것을 부분 반사라고 합니다.

스넬의 법칙

파장과 속력, 방향의 변화는
투명한 물질의 광학밀도에 따라
달라집니다.

광학밀도가 높은 물질 속으로
들어간 빛은 속력이 느려지며,
광학밀도가 낮은 물질로 들어간
빛은 속력이 빨라집니다.

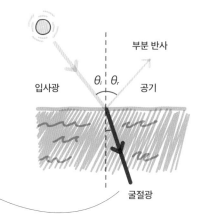

스넬의 법칙
굴절률이 각각 n1, n2인
한 매질에서 다른 매질로
수직선에 비스듬하게 이동할
때 빛은 굴절한다.

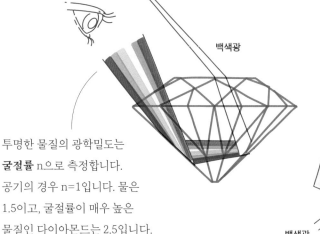

투명한 물질의 광학밀도는
굴절률 n으로 측정합니다.
공기의 경우 n=1입니다. 물은
1.5이고, 굴절률이 매우 높은
물질인 다이아몬드는 2.5입니다.
즉, 빛이 다이아몬드를 통과할
때 굴절이 매우 잘 일어납니다.
다이아몬드가 반짝이는 이유의
하나지요.

굴절되는 정도는 스넬의
법칙으로 계산할 수 있습니다.
이 법칙에 따르면 다음과 같은
관계가 있습니다.

$$n_1 \sin \theta_1 = n_2 \sin \theta_2$$

매질의 굴절률은 입사각과
반사각을 측정해 계산할 수
있습니다. 만약 입사광이 굴절률이
1인 공기 중에 있다면 계산은
간단해집니다. 굴절률은 입사광의
파장에 따라서도 달라집니다.

내부 전반사

만약 빛이 유리에서 공기로 움직인다면, 굴절각 θ_r은 입사각 θ_i보다 큽니다. 만약 입사각이 충분히 크다면, 굴절광은 수직선과 90도를 이룹니다. 이때의 입사각을 임계각(c)라고 합니다.

스넬의 법칙에서 굴절각에 90도, n1에 유리의 굴절률인 1.5, n2에 공기의 굴절률 1을 대입하면, 식은 다음과 같습니다.

$$1.5 \sin \theta_c = 1$$

임계각을 구하면 다음과 같습니다.

$$\theta_c = \sin^{-1} \frac{1}{1.5} \approx 41.8^0$$

이 각도에서 들어온 빛은 경계를 따라 움직이기 때문에 유리 밖으로 빠져나오지 못합니다. 입사각이 이 임계각보다 크면, 빛은 전부 다시 유리 속으로 반사됩니다. 이 현상을 **내부 전반사**라고 합니다.

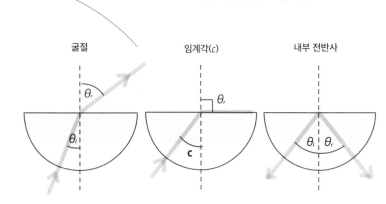

굴절 　　　　 임계각(c) 　　　　 내부 전반사

광섬유

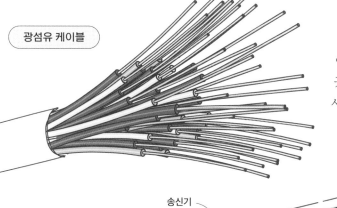

내부 전반사는 빛이 가느다란 유리관 안에서 보이는 매우 유용한 성질입니다. 광섬유의 기본 원리죠. 최근까지 이 원리는 예쁜 조명을 만드는 데 주로 쓰였고, 오늘날에는 인터넷의 바탕이 되고 있습니다. **광섬유 케이블**을 사용하면서 통신과 인터넷에 혁명이 일어났습니다. 먼 곳까지 초고속으로 광대역 신호를 보낼 수 있게 되었다는 뜻입니다.

광섬유 케이블에는 여러 가닥의 광섬유가 들어 있습니다. 각 가닥은 플라스틱 껍질로 싸여 있으며, 모두 한데 모여 보호용 껍질에 싸여 있습니다.

우리가 사는 세계는 서로 아주 먼 곳까지 이런 케이블로 연결되어 있어서 어느 곳에서든 거의 동시에 지구 반대편에 사는 사람과 정보를 공유할 수 있습니다.

광섬유 케이블

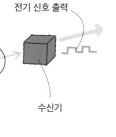

전기 신호 출력

송신기

전기 신호 입력

수신기

광섬유

광학을 이용한 과학

광학은 강력한 도구입니다. 광학 덕분에 우리는 **현미경**을 만들어 미시 세계를 들여다볼 수 있고,
지름이 10m나 되는 거울로 만든 **광학망원경**으로 먼 우주에 있는 천체를 관측할 수 있습니다.

렌즈와 거울

렌즈는 굴절을 이용해 빛을 한 점에
모으거나(볼록렌즈) 넓게 퍼뜨립니다(오목렌즈).
렌즈는 현미경처럼 물체의 상을 확대하는 데 쓰일
수 있고, 우리 눈에 있는 천연 렌즈인 수정체가
초점을 적절히 맞출 수 있도록 도와 나빠진 시력을
교정하는 데 쓰일 수도 있습니다.

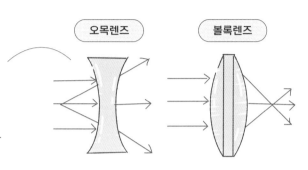

렌즈에는 크게 두 종류가 있습니다. **볼록렌즈**와 **오목렌즈**입니다. 오목렌즈는 평행한 광선을 넓게 퍼뜨립니다.
반대로 볼록렌즈는 평행한 광선을 한 점에 모읍니다.

평행한 광선을 넓게 퍼뜨리는 오목렌즈는 물체보다 더 작은 상을 볼 수 있게 합니다. 볼록렌즈는 그와 반대입니다.
광선을 한 점에 모아 물체가 실제보다 커 보이게 하지요. 예를 들어, 각 렌즈를 통해 본 파리의 크기는 서로
다릅니다.

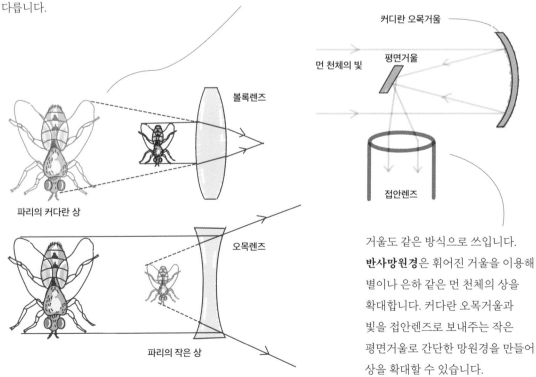

거울도 같은 방식으로 쓰입니다.
반사망원경은 휘어진 거울을 이용해
별이나 은하 같은 먼 천체의 상을
확대합니다. 커다란 오목거울과
빛을 접안렌즈로 보내주는 작은
평면거울로 간단한 망원경을 만들어
상을 확대할 수 있습니다.

실상과 허상

렌즈와 거울이 만드는 상은 **실상**과 **허상**으로 나뉩니다.

빛이 렌즈를 통과해 한 점에 모이고 화면에 비칠 때 실상이라고 합니다.
영화관에서 프로젝터에서 나오는 빛이 만드는 상이 바로 실상입니다.
화살표가 그려진 기름종이를 통과한 손전등 불빛을 볼록렌즈로
화면에 초점을 맞출 수 있는데, 이것이 바로 프로젝터가 작동하는 기본
원리입니다. 화면에 비치는 상은 실상이며 **거꾸로** 서 있습니다.

상

실상

물체

기름종이로 싼 손전등

빛이 통과한다.

렌즈

화면

광원

평면거울

눈에 보이는 광원

허상은 화면에 비칠 수 없습니다.
빛이 거울이나 렌즈에 의해
방향이 바뀌어 마치 다른 곳에
있는 물체에서 나오는 것처럼
보이는 게 허상입니다. 촛불이
거울에 반사되어 거울을
비스듬하게 보고 있는 사람의
눈에 들어간다고 상상해보세요.
촛불의 상은 마치 거울 뒤에 있는
것처럼 보입니다. 촛불의 허상과
거울 사이의 거리는 진짜 촛불과
거울 사이의 거리와 같습니다.

렌즈도 허상을 만들 수 있습니다.
만약 물체가 볼록렌즈로부터
특정 거리만큼 떨어져 있다면,
물체에서 나오는 광선은
굴절되어 평행하지 않은 광선이
됩니다. 이 광선을 거꾸로 거슬러
올라가면 물체가 더 먼 곳에
있으며 실제보다 크게 보입니다.
이때는 상이 똑바로 서 있습니다.

허상

허상

F

물체

F

빛의 특성

태양에서 오는 빛은 진동수가 다양한 광자의 흐름입니다. 이 빛은 서로 직각을 이루는 전기장과 자기장으로
이루어져 있지요. 각 광자의 전기장과 자기장은 우주에서 움직이면서 서로 방향이 달라집니다.
빛이 우리 대기에 들어올 때는 많은 광자가 산란되며 방향이 바뀝니다.

편광

편광은 자기장과 전기장이 특정 방향으로 정렬된 광자만을
골라내는 과정을 말합니다. **편광렌즈**(또는 편광기)는 특정 방향의
빛만 통과시키고, 다른 광자는 모두 차단합니다. 그러면 렌즈를
통과하는 빛의 양을 줄이는 효과도 생깁니다. 그래서 편광렌즈는
종종 눈부심을 줄여주는 선글라스에 쓰이기도 합니다.

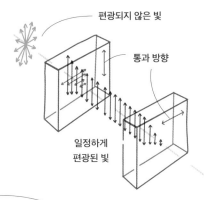

편광되지 않은 빛
통과 방향
일정하게
편광된 빛

광선

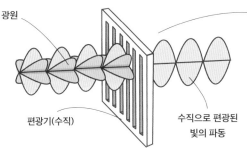

광원

편광기(수직)

수직으로 편광된
빛의 파동

만약 수직으로 편광된 빛만
통과시키는 편광기와 수평으로
편광된 빛만 통과시키는 편광기를
조합하면, 어떤 빛도 두 편광기를
모두 통과하지 못합니다.

영화관의 3D 안경이 그런
사례입니다. 우리가 세상을
입체로 보는 건 두 눈이 각각
조금 다른 시점으로 세상을 보기
때문입니다. 3D 영화는 수직과
수평으로 편광된 영상을 차단해
우리의 두 눈이 화면을 약간 다른
시점으로 보는 효과를 냅니다.
실제와 같이 한쪽 눈으로는 한
영상을 보고, 반대쪽 눈으로는 또
다른 영상을 보는 것이지요.

3차원 영화

수직 편광기

수평 편광기

산란

구름 속의 수증기는 빛을 흡수하고 사방으로 산란합니다. 비행기 창문에서 본 구름은 하얗고 폭신해 보입니다. 구름의 구조가 거품처럼 보이는 이유는 대부분의 파장을 반사해 상층 대기로 돌려보내기 때문이지요. 지상에서 보면 똑같은 구름이 태양 빛을 대부분 차단합니다. 구름 낀 날에는 일부 빛이 지구 표면에 도달하지만, 대부분은 반사되어 다시 우주로 산란됩니다.

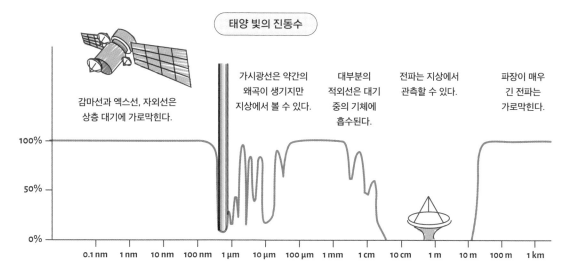

백색광은 사방으로 산란된다.

일부 빛은 구름 아래로 빠져나온다.

많은 진동수의 빛이 대기 중의 서로 다른 원소와 분자에 흡수됩니다. 그리고 흔히 입자가 따뜻해지면서 적외선 같은 다른 파장으로 방출되지요. 대기는 우주에서 날아오는 자외선이나 엑스선 같은 해로운 복사선을 대부분 막아줍니다.

태양 빛의 진동수

감마선과 엑스선, 자외선은 상층 대기에 가로막힌다.

가시광선은 약간의 왜곡이 생기지만 지상에서 볼 수 있다.

대부분의 적외선은 대기 중의 기체에 흡수된다.

전파는 지상에서 관측할 수 있다.

파장이 매우 긴 전파는 가로막힌다.

100%
50%
0%

0.1 nm 1 nm 10 nm 100 nm 1 µm 10 µm 100 µm 1 mm 1 cm 10 cm 1 m 10 m 100 m 1 km

태양 빛은 대지와 바다를 데웁니다. 저장된 열은 다시 **적외선 복사**로 대기 중으로 방출됩니다. 이산화탄소 같은 특정 기체는 이 적외선이 우주로 빠져나가지 못하게 막습니다. 따라서 지구는 더워집니다. 이런 기체를 온실가스라고 하며, 지구 대기에 있는 온실가스의 양에 따라 복사를 통해 빠져나가는 열의 양이 달라집니다.

온실가스

지구로 오는 태양 복사

대기 중의 온실가스에 흡수

우주로 빠져나가는 복사

지구 표면의 적외선 복사

하늘의 색

앞 장에서 살펴보았듯이, 태양 복사의 산란 덕분에 우리가 여러 가지 색을 볼 수 있습니다. 태양 빛은 모든 색이 뒤섞인 백색광이지만, 물체에 부딪히면 특정 진동수의 빛이 흡수되고 나머지는 반사됩니다.

하늘색이 파란 건 대기 중에서 태양 빛이 산란한 결과입니다. 대기의 구성 성분 때문에 파란 빛은 산란하고 나머지 가시광선(다른 색의 빛들)은 그대로 통과합니다. 그래서 하늘이 파란색으로 보이지요.

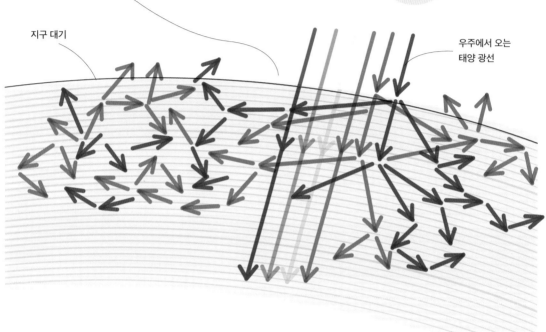

붉은 노을

대기 중에 작은 먼지 분자가 있으면(보통 높은 기압 때문에) 하늘이 붉게 보입니다. 이런 분자는 붉은빛을 제외한 나머지 파장의 빛을 산란시킵니다. 붉은빛만 통과할 수 있지요. 이런 현상은 먼지 분자가 지상에 가깝게 가라앉고 태양 빛이 대기를 더 길게 통과하는 동틀 때나 해 질 무렵에 주로 일어납니다. 태양이 낮게 뜨면 빛은 더 많은 먼지 입자와 부딪히면서 붉은빛을 제외한 나머지 파장의 빛이 더 많이 산란합니다. 따라서 주로 진동수가 낮은 붉은빛으로 이루어진 아름다운 노을을 볼 수 있습니다.

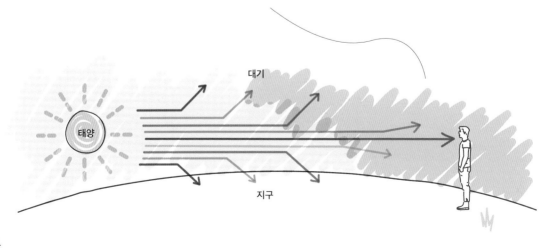

간섭과 간섭 측정

파동의 간섭 현상은 색다른 관측 효과를 얻을 수 있습니다.
빛의 파장을 측정하거나 마이컬슨 간섭계를 이용해 아주 작은 움직임을 감지하는 데 쓰일 수 있습니다.

박막간섭

어떤 표면이 세제나 기름 같은 얇고
투명한 막으로 덮여 있을 때 다양한
색깔이 나타나며 끊임없이 모양과
색이 바뀌는 모습을 볼 수 있습니다.
박막간섭이라는 과정에 의해 나타나는
현상입니다.

연못 위에 기름을 부었다고 상상해봅시다. 수면 위의
기름은 넓게 퍼지며 아주 얇은 막을 만듭니다. 빛이
이 막에 부딪히면, 일부는 통과해서 막의 반대쪽에서
반사됩니다. 나머지 광자는 기름 막 표면에 닿자마자
반사됩니다.

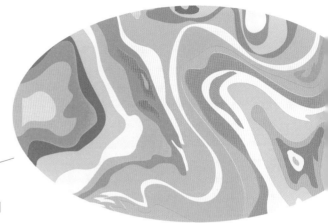

기름 막의 두께가 조금씩 달라지면서 보강간섭이
일어나는 파장과 빛의 색이 바뀐다. 그 결과, 표면
전체에 무지개 같은 무늬가 나타난다.

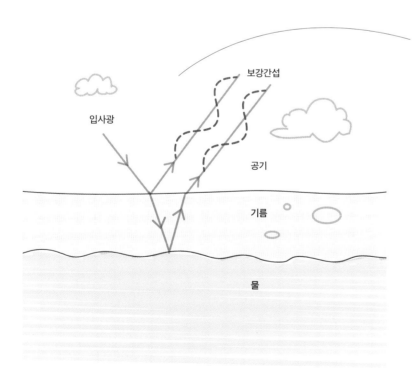

어떤 상황에서는 이 두 파동이
동시에 같은 위상으로 막의 표면을
떠나며 **보강간섭**을 일으킵니다.
따라서 우리에게 보이는 파동의
진폭이 커지며 색이 더 밝아집니다.

이때 기름 막의 두께가 매우
중요합니다. 막의 두께에 따라
어떤 파장의 빛이 밝아지는지가
달라집니다. 막의 두께는 밝아지는
파장의 정수배가 되어야 합니다.
그러면 두 파동(막의 위쪽에서
반사된 파동과 막의 아래쪽에서
반사된 파동)이 정확히 파장의
정수배만큼 차이 나게 됩니다.

마이컬슨 간섭계

앨버트 에이브러햄 마이컬슨 Albert Abraham Michelson(1852~1931)은 독일 태생의 미국 물리학자로, 진공 속에서 빛의 속력이 기본 상수라는 사실을 밝혔습니다. 마이컬슨은 파동 간섭의 원리를 이용해 길이의 미세한 변화를 측정할 수 있는 **마이컬슨 간섭계**를 발명했습니다.

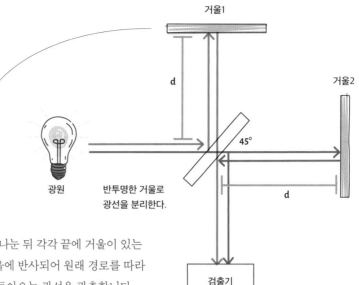

반투명한 거울로 **단색** 레이저 광선을 둘로 나눈 뒤 각각 끝에 거울이 있는 두 통로로 보낼 수 있습니다. 각 광선은 거울에 반사되어 원래 경로를 따라 되돌아옵니다. 그리고 광전식 감지기로 되돌아오는 광선을 관측합니다.

파동 감지기

한 통로는 움직일 수 있고 길이를 바꿀 수 있습니다. 만약 두 통로의 길이가 똑같다면, 광선은 같은 위상으로 들어오며 보강간섭을 일으킵니다. 만약 한 통로의 길이가 달라진다면, 두 광선의 위상이 어긋난 채로 들어오므로 감지기로 빛의 밝기가 어떻게 변하는지를 기록합니다. 레이저의 파장은 알고 있으므로 빛의 밝기를 이용해 길이의 미세한 변화를 계산할 수 있습니다. 마이컬슨 간섭계의 감도는 나노미터(10^{-9}m) 수준입니다.

캘리포니아 공과대학의 **라이고**(레이저 간섭계 중력파 검출기)는 블랙홀의 충돌로 생긴 중력파가 지나가면서 일으킨 시공간의 미세한 변화를 검출하기 위한 거대한 마이컬슨 간섭계입니다. 중력파 검출기는 매우 예민해서 양성자 지름의 1만 분의 1 크기까지 감지합니다.

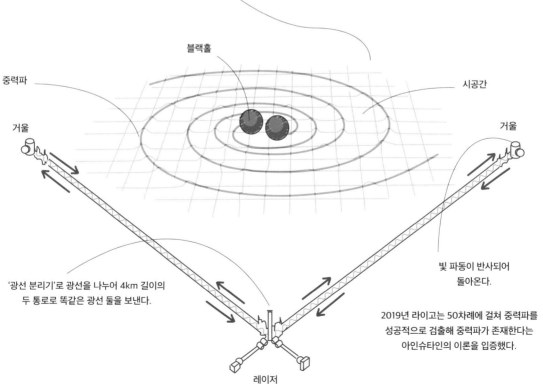

이중슬릿 간섭

19세기 초 영국의 과학자 **토머스 영**Thomas Young(1773~1829)은 처음으로 **이중슬릿 실험**을 통해 빛의 파장을 계산했습니다.

수직으로 나 있는 슬릿 하나를 통해 단색광을 비추어 똑바로 뻗어 나가는 광선을 만듭니다. 이 광선이 짧은 거리(d)만큼 떨어져 있는 두 수직 슬릿을 통과합니다. 각각의 좁은 슬릿을 통과하며 회절된 두 가간섭성 광선은 원형 파면 두 개를 만듭니다.

두 파면은 서로 겹치면서 보강간섭과 상쇄간섭을 일으켜

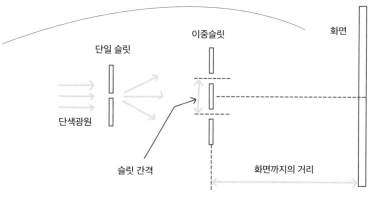

각각 밝고 어두운 영역을 만듭니다. 그 결과 생긴 패턴을 화면에 비추면 **간섭무늬**라고 하는 밝고 어두운 줄무늬가 나타납니다.

각 슬릿에서 나온 두 광선은 지나온 경로의 차이(Δl)가 파장의 정수배일 경우 같은 위상으로 화면(P)에 도달해 밝은 막대 무늬를 만듭니다.

이 현상은 화면의 서로 다른 지점에서 일어납니다. 각각의 밝은 막대는 가운데에서 가장 밝고 주변으로 갈수록 어두워집니다.

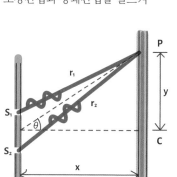

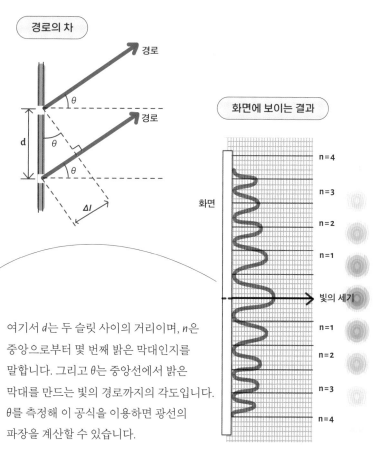

가장 밝은 가운데 막대 바로 옆의 첫 번째 두 막대는 경로의 차이가 파장과 똑같습니다. 두 번째 밝은 두 막대는 파동이 파장의 두 배 차이를 두고 도착합니다. 이런 식으로 계속 이어지며, 이들을 $n=1$, $n=2$, $n=3$ 등으로 부릅니다. 화면에 도착할 때 파장의 몇 배만큼 차이가 났는지를 가리킵니다.

수학적으로는 다음 공식으로 나타냅니다.

여기서 d는 두 슬릿 사이의 거리이며, n은 중앙으로부터 몇 번째 밝은 막대인지를 말합니다. 그리고 θ는 중앙선에서 밝은 막대를 만드는 빛의 경로까지의 각도입니다. θ를 측정해 이 공식을 이용하면 광선의 파장을 계산할 수 있습니다.

$$d\sin\theta = n\lambda$$

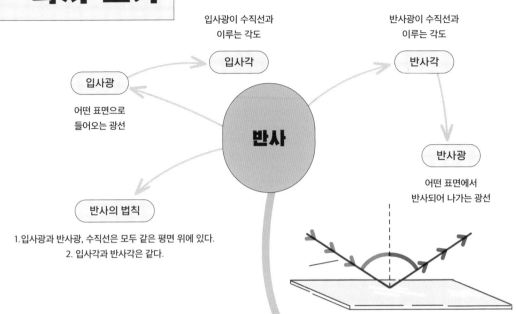

다시 보기

입사광이 수직선과
이루는 각도

입사각

입사광

어떤 표면으로
들어오는 광선

반사

반사의 법칙

1. 입사광과 반사광, 수직선은 모두 같은 평면 위에 있다.
2. 입사각과 반사각은 같다.

반사광이 수직선과
이루는 각도

반사각

반사광

어떤 표면에서
반사되어 나가는 광선

광학

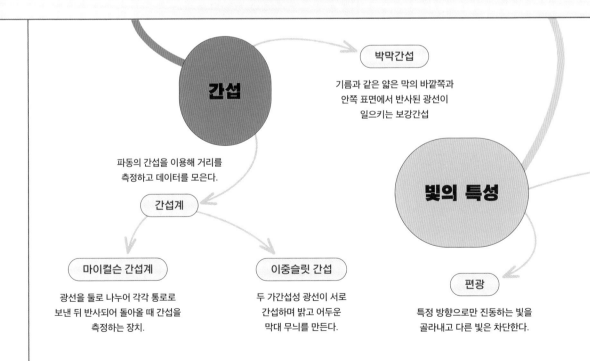

박막간섭

기름과 같은 얇은 막의 바깥쪽과
안쪽 표면에서 반사된 광선이
일으키는 보강간섭

간섭

파동의 간섭을 이용해 거리를
측정하고 데이터를 모은다.

간섭계

빛의 특성

마이컬슨 간섭계

광선을 둘로 나누어 각각 통로로
보낸 뒤 반사되어 돌아올 때 간섭을
측정하는 장치.

이중슬릿 간섭

두 가간섭성 광선이 서로
간섭하며 밝고 어두운
막대 무늬를 만든다.

편광

특정 방향으로만 진동하는 빛을
골라내고 다른 빛은 차단한다.

128

스넬의 법칙

광선이 굴절률이 서로 다른
두 투명 매질 사이를 지나갈
때 굴절각을 구할 수 있다.

굴절된 광선이 두 매질이 만나는
곳과 수직인 선과 이루는 각

굴절각

굴절률

투명한 매질의 광학밀도. 공기는
1이고, 다이아몬드는 2.5다.

$$n_1 \sin\theta_1 = n_2 \sin\theta_2$$

굴절

내부 전반사

유리 안에서 움직이는 광선이
임계각보다 큰 각도로 경계에
부딪히면 반사되어 다시 유리
속으로 돌아가는 현상

임계각

유리에서 공기로 나가려는
굴절광이 수직선에
90도가 되는 입사각

광섬유 케이블

유리관 안쪽에서 일어나는
내부 전반사를 이용해 대량의
신호를 초고속으로 보낸다.

화면에 직접 비출 수 있으며
거꾸로 선 모습이다.

실상

거울과 렌즈

허상

광선의 방향이 바뀌어 물체가
다른 곳에 있는 것처럼 보인다.
허상은 똑바로 선 모습이다.

거울

볼록거울

넓은 시야를 제공하며, 상이
똑바로 서 있다. 자동차의
사이드미러에 쓰인다.

오목거울

빛을 한 점에 모은다.
거꾸로 선 상을 만든다.
커다란 반사망원경을
만드는 데 쓰인다.

산란

어떤 물체에 부딪힌 광선은 모든
방향으로 반사되고, 흡수되고,
방향이 바뀔 수 있다. 때로는
파장이 변하기도 한다.

렌즈

볼록렌즈

빛의 파동을 한
점에 모은다.

오목렌즈

빛을 넓게 퍼뜨린다.

129

10장

열역학

열역학은 계 안에서 기계적인 일이나 복사, 전도 등을 통한
열에너지의 이동을 연구하는 물리학의 한 분야입니다. 계 안의
모든 입자는 진동하는 움직임(고체에서)이나 속도(액체나
기체에서)에 따른 운동에너지를 갖고 있습니다. 고체 안의
원자는 어떤 점을 중심으로 진동하면서 이웃한 입자에 에너지를
전달합니다. 이와 달리 액체와 기체 속의 입자는 자유롭게 움직일
수 있습니다. 이런 열전달을 통해 계 안에서 에너지가 이동합니다.

온도

기체나 액체, 고체 안에 존재하는 에너지의 양을 임의로 측정한 값을 온도라고 합니다. 온도는 매질 안의 **평균 운동에너지**, 즉 입자의 움직임입니다. 입자는 금속과 같은 고체 안에서는 앞뒤로 진동할 수 있고, 물 같은 액체나 기체 안에서는 움직일 수 있습니다.

자연에서 진동은 주기적으로 일어납니다. 일정한 시간 간격을 두고 계속해서 변화가 반복되지요. 하지만 변화의 최대 크기(진폭)는 계가 에너지를 잃으면서(또는 얻으면서) 변할 수 있습니다. 단진자 진동에서는 평형 상태로 돌아가려는 복원력이 생기는데, 복원력의 크기는 변위의 크기에 비례합니다.

공기가 팽창한다.

온도는 보통 **섭씨**(℃) 또는 **화씨**(℉)로 나타냅니다. 물리학자들은 **켈빈**(K)을 쓰기도 합니다.

물이 팽창한다.

섭씨와 화씨는 대기압(단위는 **파스칼**)이 1기압일 때 물의 어는점과 끓는점을 이용해 정의합니다. 물이 얼면 분자의 운동에너지가 감소하고 원자가 더 이상 자유롭게 돌아다니지 않게 되면서 액체에서 고체로 변합니다.

운동에너지가 충분해지면 물이 끓으면서 분자 사이의 결합이 끊어지고 기체가 됩니다.

켈빈은 운동에너지가 전혀 없는 상태인 **절대영도**가 기준입니다. 절대영도에서는 원자가 전혀 진동하지 않습니다.

세 가지 온도

100℃	212℉	373 K — 물이 끓는다
0℃	32℉	273 K — 물이 언다
−78℃	−108℉	200 K — 드라이아이스
		절대영도
−273℃	−459℉	0 K

섭씨
100℃에서 물이 끓는다.
0℃에서 물이 언다.

화씨
212℉에서 물이 끓는다.
32℉에서 물이 언다.

켈빈
373K에서 물이 끓는다.
273K에서 물이 언다.

열에너지 이동

물질이 열에너지를 받으면 다양한 방식으로 반응합니다. 운동에너지가 커지면서 온도가 올라갑니다.
고체에서 액체로, 액체에서 고체로, 고체에서 기체로, 기체에서 플라스마로 상태가 바뀔 수도 있습니다.
물리적으로 부피와 압력이 바뀔 수도 있습니다.

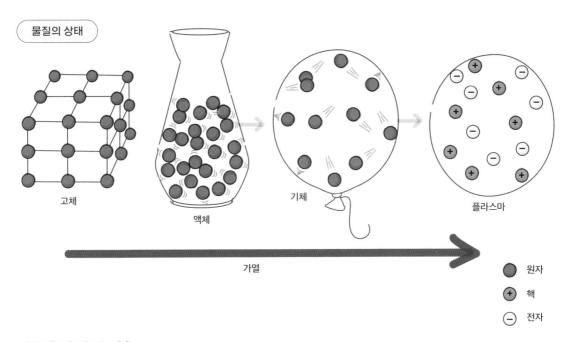

열에너지와 열

열에너지는 어떤 계에 있는 에너지의 양(측정 단위는 줄)입니다. 계 안에서 움직이는 입자의 운동에너지를
측정한 값이지요. 열은 뜨거운 물체에서 차가운 물체로 이동하는 에너지입니다. 주전자를 생각해 보세요.
평소에는 15℃ 정도의 찬물이 담겨 있지만, 차를 만들려면 물을 끓여야 합니다. 아래 그림 속의 주전자는
전기로 발열 장치를 가열해 물을 끓입니다. 물 분자가 발열 장치의 뜨거운 표면에 닿으면 운동에너지를 얻어
움직임이 빨라집니다(이와 같은 열전달을 **전도**라고 합니다). 발열 장치가 물에 열을 전달하면서 운동에너지가
커지고, 물이 끓습니다. 이것은 발열 장치의 열이 에너지를 물에 전달하면서 별개의 두 물체가 열적으로 평형을
이룬 결과입니다. 에너지는 주변으로 빠져나가면서 손실되기도 합니다.

열팽창

액체와 고체는 열을 받아도 그다지 많이
팽창하지 않습니다. 따라서 온도가
높아져도 부피는 거의 변하지 않습니다.
예를 들어, 쇠막대기에 열을 가하면
원자의 운동에너지가 커지면서 막대가
아주 뜨거워집니다. 하지만 부피는 별로
늘어나지 않습니다.

**기체가 열을 흡수해 입자의 운동에너지가
커지면** 움직임이 훨씬 늘어납니다.
고체처럼 묶여 있지 않기 때문입니다.

만약 자동차 엔진 속의 연료처럼 **가열된
물질이 자유롭게 팽창할 수 있다면,**
부피가 커집니다. 점화기에 의해 불이 붙은
액체 연료는 뜨거운 기체로 변해 빠르게
팽창하며 피스톤을 밖으로 밀어냅니다.

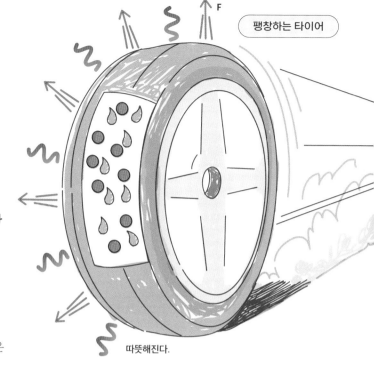

F

팽창하는 타이어

따뜻해진다.

만약 자동차 타이어 속의 공기처럼 **기체의 부피가 변할 수 없다면,**
압력이 커집니다. 자동차가 급정거해 미끄러지면서 타이어가 땅과
마찰을 일으켜 뜨거워질 때 이런 일이 생깁니다.

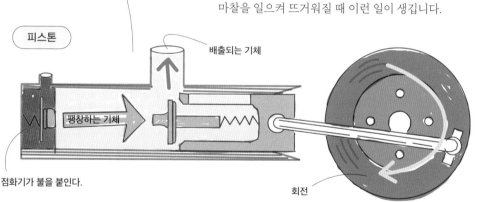

피스톤

배출되는 기체

팽창하는 기체

점화기가 불을 붙인다.

회전

스쿼시 공을 처음 치기 시작했을 때는
공이 쉽게 찌그러집니다. 내부의 기체
압력이 작기 때문이지요. 그래서 잘 튀지
않습니다. 그런데 공을 계속 때리면
충격으로 인한 운동에너지가 내부의 기체
분자로 이동합니다. 공이 더 빨리 움직이며
달아오르면 내부가 팽창해 공 내부에 더 큰
힘이 생깁니다. 공의 표면이 더 단단해지며
잘 찌그러지지 않게 되고, 공이 더 잘 튑니다.

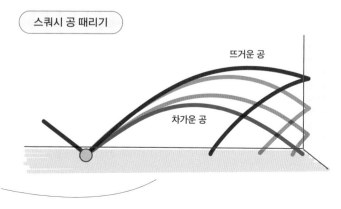

스쿼시 공 때리기

뜨거운 공

차가운 공

가열과 냉각

열은 물체로 이동해 온도를 높이거나 물체에서 빠져나가 물체의 온도를 낮출 수 있습니다. 열이 흐르는 방향은 온도 차이에 달려 있으며, 그 효과는 음식을 데우는 간단한 일에서 기후를 관장하는 복잡한 계에 이르기까지 다양한 곳에서 볼 수 있습니다.

물체는 에너지를 얼마나 갖고 있는지, 즉 계의 **내부 에너지**에 따라 뜨겁거나 차가워집니다. 열이 물체로 흘러가면 물체의 온도는 높아집니다. 얼마나 높아지는지는 물질의 종류에 따라 달라집니다.

예를 들어, 물은 열을 저장하는 데 뛰어나 대량의 에너지를 흡수하고도 온도가 조금밖에 올라가지 않습니다. 봄에 바다가 따뜻해지는 데 오랜 시간이 걸리는 이유이자 대부분의 엔진에서 물을 냉각물질로 사용하는 이유입니다.

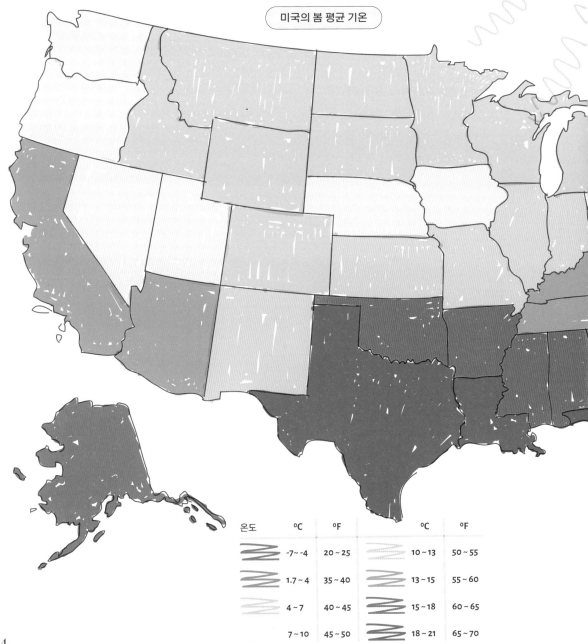

미국의 봄 평균 기온

온도	℃	℉		℃	℉
	-7 ~ -4	20 ~ 25		10 ~ 13	50 ~ 55
	1.7 ~ 4	35 ~ 40		13 ~ 15	55 ~ 60
	4 ~ 7	40 ~ 45		15 ~ 18	60 ~ 65
	7 ~ 10	45 ~ 50		18 ~ 21	65 ~ 70

온도 기울기

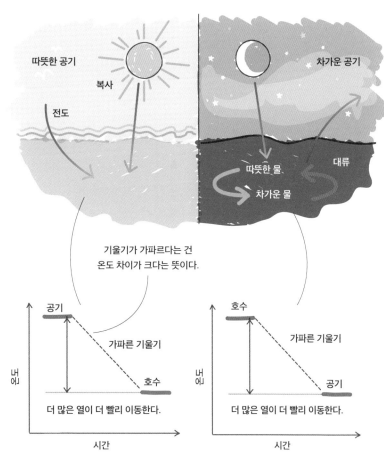

기울기가 가파르다는 건
온도 차이가 크다는 뜻이다.

더 많은 열이 더 빨리 이동한다.

더 많은 열이 더 빨리 이동한다.

호수의 차가운 물이 여름에 계속 태양 빛을 받으면 **복사**를 통해
태양으로부터 열을 흡수합니다. 그리고 주변의 따뜻한 공기는 **전도**를 통해
물의 표면으로 운동에너지를 전달하여 물 입자의 운동에너지와 온도를
높입니다. 서로 온도가 다른 호수의 물은 **대류** 과정을 통해 섞입니다.

해가 지면, 공기의 온도가 호수의 물 온도보다 낮아집니다. 공기와 물의
온도 차이를 **온도 기울기**라고 부릅니다. 열은 호수에서 밤공기로 흘러가며
물을 식힙니다. 열은 언제나 뜨거운 곳에서 차가운 곳으로 흐릅니다. 두
곳의 온도가 똑같아질 때까지요.

커다란 땅 덩어리는 낮 동안 태양
에너지를 흡수한다. 적도 근처에는 태양
에너지가 더 많이 도달하고, 위도가 높은
극지방 근처에는 적게 도달한다.

왼쪽 지도는 미국 전역의 봄 기온을 보여주고 있다. 3~5월 사이의 주별 평균 기온 기록을
바탕으로 만들었다. 최고 기온은 플로리다의 21.1℃이고, 최저 기온은 알래스카의 −4.1℃다.
하와이와 알래스카를 빼면, 미국 전체의 봄 기온 평균은 11.1℃다.

열역학 법칙

열역학에는 네 가지 법칙이 있습니다. 이 법칙은 계를 드나드는 열의 흐름과 에너지 이동이 계의 동역학을 바꾸는 방식을 좌우합니다. 먼저 두 가지 법칙을 살펴보겠습니다.

열역학 제1법칙

열역학의 첫 번째 법칙은 계를 드나드는 열의 흐름과 계의 내부 에너지, 계의 팽창으로 일어난 일에 관해 다룹니다. 근본적으로 이 법칙은 에너지 보존 법칙을 다르게 설명한 것입니다.

한쪽 끝이 막힌 원통에 기체가 가득 차 있으며, 반대쪽 끝에는 움직일 수 있는 피스톤이 있다고 생각해봅시다. 원통 내부의 기체는 열에너지가 있어서 원통의 벽과 피스톤에 압력을 가합니다. 기체는 특정 온도에 따라 일성한 부피를 차지합니다. 따라서 이 계는 정적인 상태입니다.

제1법칙
열은 에너지의 한 형태다.
따라서 열역학적 과정은 에너지
보존 법칙을 따라야 한다.

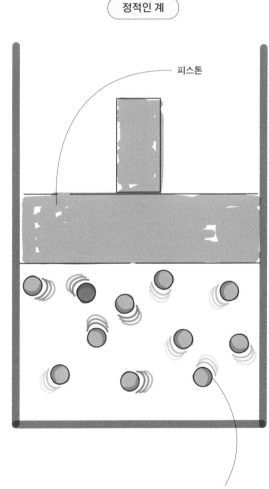

정적인 계

피스톤

일정한 부피를 차지하고 있는
특정 온도의 기체

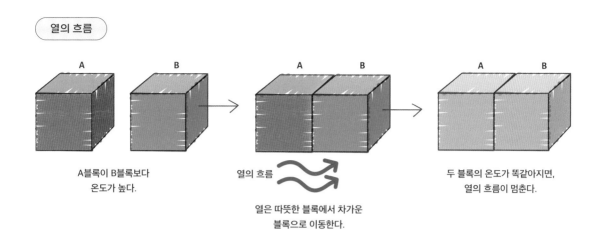

A블록이 B블록보다
온도가 높다.

열의 흐름

열은 따뜻한 블록에서 차가운
블록으로 이동한다.

두 블록의 온도가 똑같아지면,
열의 흐름이 멈춘다.

동적인 계

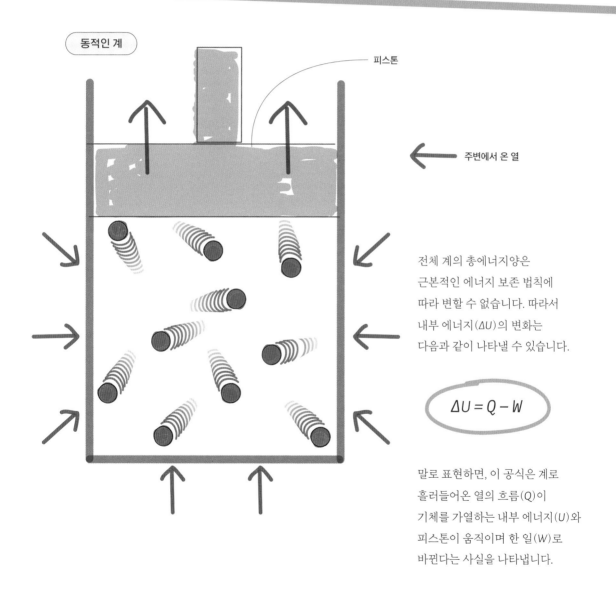

피스톤

주변에서 온 열

전체 계의 총에너지양은
근본적인 에너지 보존 법칙에
따라 변할 수 없습니다. 따라서
내부 에너지(ΔU)의 변화는
다음과 같이 나타낼 수 있습니다.

$$\Delta U = Q - W$$

말로 표현하면, 이 공식은 계로
흘러들어온 열의 흐름(Q)이
기체를 가열하는 내부 에너지(U)와
피스톤이 움직이며 한 일(W)로
바뀐다는 사실을 나타냅니다.

기체의 일과 열전달

앞서 살펴본 계 안의 피스톤은 양쪽 방향으로 모두 움직일 수 있습니다. 외부 온도가 올라가면서 내부로 흘러들어온 열이 원통 안의 가스 압력을 높여 피스톤을 밖으로 밀어내는 것과 마찬가지로 그 반대도 가능합니다. 만약 피스톤을 움직여 원통 안의 기체를 압축한다면, 기체를 대상으로 일을 한다고도 할 수 있습니다.

마찬가지로 이 일은 기체 분자의 운동에너지를 높여 기체의 온도가 올라가게 합니다. 원통 속 기체의 온도가 높아지다가 외부 온도보다 따뜻해지면, 온도 기울기가 생기고 원통 안의 열이 주위로 흘러나가게 됩니다.

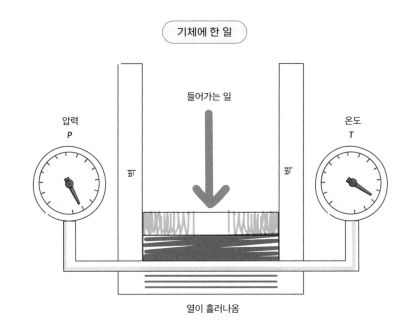

기체에 한 일

압력
P

들어가는 일

온도
T

열이 흘러나옴

타이어에 공기 넣기

그 예로 펌프로 자전거 타이어에 공기를 불어넣을 때를 들 수 있습니다. 펌프질이라는 일을 하면 그 안의 공기가 압축됩니다. 한동안 열심히 펌프질을 하면 내부 공기가 뜨거워지다가 펌프의 벽을 타고 흘러나오기 시작합니다. 펌프를 만져 보면 뜨거워져 있습니다.

W

한 일

열이 흘러나옴

Q

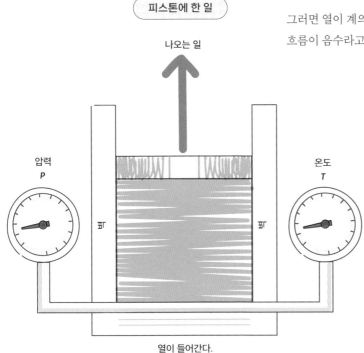

피스톤에 한 일

나오는 일

압력
P

온도
T

열

열

열이 들어간다.

그러면 열이 계의 밖으로 흘러나가는 것이므로 열의 흐름이 음수라고 이야기합니다. 제1법칙도 달라집니다.

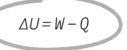

$$\Delta U = W - Q$$

기체 내부 에너지(ΔU)의 변화는 계에 한 일(W)과 계를 떠난 열(Q)의 차가 됩니다.

원통 안의 뜨거운 기체는 빠르게 팽창해 피스톤을 밖으로 밀어내고 계 외부에 일을 합니다. 그와 함께 부피가 커지면서 기체의 온도와 압력이 줄어듭니다. 이것이 자동차 엔진의 피스톤이 작동하는 원리입니다.

생물 속의 열역학

열역학은 생물에게도 적용할 수 있습니다. 음식에서 나온 화학에너지는 사람의 몸속에 저장됩니다. 우리의 근육은 일을 하고 그 과정에서 나온 열은 손실됩니다. 들어간 음식과 밖으로 나온 에너지의 차이가 내부 에너지의 변화량(ΔU)입니다.

Q

W

음식이 들어가고, 일과 열이 나온다

W – 외부에 하는 일
Q – 열에너지

태양

$Q_{들어옴}$

$Q_{나감}$

$Q_{들어옴}$ - 태양 빛의 전체 스펙트럼
$Q_{나감}$ - 꽃잎에 반사되어 에너지를 만드는 데 쓰이지 않는 스펙트럼

식물은 특정 진동수의 빛을 흡수해 화학에너지로 저장합니다. 다른 진동수의 빛(파란색과 녹색 등)은 꽃잎과 잎에서 반사됩니다.

엔트로피

열역학 제2법칙은 어떤 과정을 되돌리는 일이 불가능함을 이야기합니다. 만약 어떤 고립된 계가 계 안에서 열의 흐름에 따라 변화를 겪으면, 그 계는 전체적으로 보았을 때 더욱 무질서해진다는 것입니다.

에너지 측면에서 계가 얼마나 무질서한지를 나타내는 척도를 **엔트로피**라고 부릅니다. 고체처럼 아주 질서도가 높은 상태일 때는 엔트로피가 낮습니다. 열이 이동해 고체가 녹으면 액체와 기체가 되는데, 이때는 입자의 운동이 더 넓게 퍼지기 때문에 엔트로피가 높습니다.

기체 혼합

1

칸막이로 나뉜 두 공간에 온도가 서로 다른 기체가 들어 있다.

2

칸막이를 치우면 기체가 섞이면서 운동에너지를 교환한다.

3

기체 분자가 완전히 섞인다.

엔트로피가 높다

둘로 나뉜 공간에 각각 온도가 다른 기체가 들어 있다고 생각해보세요. 이 계는 질서도가 매우 높고 따라서 엔트로피가 낮습니다. 기체가 서로 섞이면 계가 더 무질서해지면서 엔트로피가 높아집니다. 모든 입자가 뒤섞이고 나면 그 결과는 입자가 제각기 다른 속도로 움직이는 미지근한 기체가 됩니다. 이것은 **엔트로피가 가장 높은 상태**이고, 여기서 원래 상태로 되돌릴 방법은 없습니다.

열에너지의 이동이나 전환과 관련된 과정은 되돌릴 수 없다.

무질서한 상태

깔끔하게 쌓인 벽돌을 나르던 트럭이 움직이다가 실수로 벽돌을 쏟았다고 생각해보세요. 쏟아진 벽돌이 저절로
깔끔하게 쌓일 가능성은 거의 없습니다. 아무렇게나 무질서하게 쌓인 무더기가 될 가능성이 훨씬 더 크지요.
무질서한 상태는 무한히 많고, 각각은 서로 조금씩 비슷하면서도 다릅니다.

모든 계는 엔트로피가 좀 더 높은 무질서 상태로 바뀝니다. 무질서한 계보다 질서 있는 계의 수가 훨씬 더
많으므로 통계적으로 가능성이 더 높습니다.

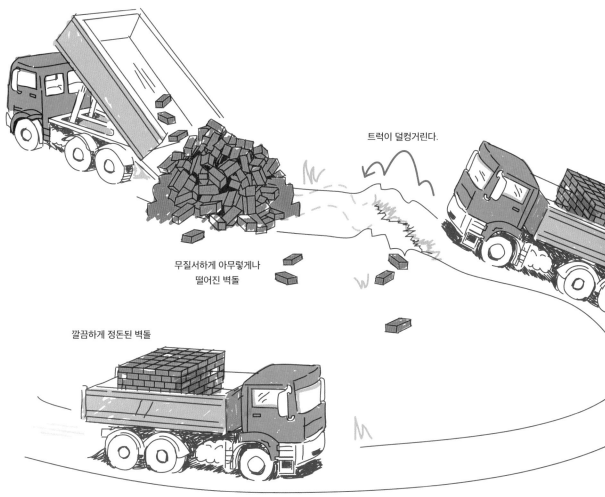

트럭이 덜컹거린다.

무질서하게 아무렇게나
떨어진 벽돌

깔끔하게 정돈된 벽돌

엔트로피가 낮다

질서 있는 상태

금속 같은 고체 물질은 엔트로피가 낮습니다. 고체 입자의 움직임은
매우 한정적이고, 각 입자의 에너지도 거의 비슷합니다. 철로 만든
말굽은 말굽에 변화가 생기려면 1260℃까지 가열해야 합니다.

뒤섞인 기체와 달리 열을 가하지 않으면 말굽은 전과 거의 같은
상태로 돌아옵니다.

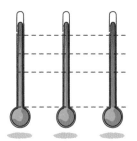

온도

물질 속 입자의
평균 운동에너지를
나타내는 척도

온도란 무엇인가?

절대영도(0K≈-273℃)를
기준으로 삼는다.

섭씨온도

물이 어는점(0℃)과
끓는점(100℃)을
기준으로 삼는다.

화씨온도

물이 어는점(32℉)과
끓는점(212℉)을 기준으로 삼는다.

켈빈 온도

열역학

닫힌계 안에서 일어나는 에너지 이동 과정은
계를 더욱 무질서한 상태로 만들어 엔트로피가
더 높아지게 한다. 이 과정은 되돌릴 수 없다.

열역학 법칙

제2법칙

엔트로피

어떤 계가 에너지 측면에서 얼마나 질서 있는
상태인지를 나타낸다. 금속처럼 질서도가 매우
높은 물질은 엔트로피가 낮고, 액체와 기체
상태는 엔트로피가 높다.

제1법칙

에너지는 만들어지거나 없어질 수 없다. 어떤 계에
열이 들어오면, 기체의 내부 에너지와 기체가
팽창하면서 피스톤에 한 일로 변한다.

$$\Delta U = Q - W$$

열

뜨거운 물체에서 차가운 물체로
열에너지가 이동하는 것

열에너지

물질 안에 입자의
운동에너지 형태로
저장된 에너지의 양.
측정 단위는 줄(J)이다.

열에너지 이동

온도 기울기

특정 장소에서 온도가 변하는
비율과 방향

물질은 에너지를 흡수하면
팽창한다. 대부분의 고체와
액체는 조금만 팽창하고,
기체는 많이 팽창한다.

열팽창

에너지가 뜨거운 곳에서 차가운
곳으로 이동하면서 물체는
가열되거나 냉각된다.

가열과 냉각

전도

열원과 직접
접촉을 통해 열이
이동한다.

대류

움직임을 통해
열이 이동한다.

복사

전자기파를 통해
열이 이동한다.

열의 흐름

열은 두 곳의 온도가 똑같아질 때까지 언제나
뜨거운 곳에서 차가운 곳으로 이동한다.

기체의 일과 열 이동

닫힌 공간 속의 기체는 전도 또는
기체에 한 일을 통해 열을 흡수할 수
있다. 이 과정은 되돌릴 수 있다.

143

11장

유체

유체라고 하면 보통 물과 같은 액체를 떠올립니다. 그러나 유체는 자유롭게 흐를 수 있고 모양을 바꿀 수 있는 물질의 상태를 말합니다. 액체가 그렇지만, 기체도 마찬가지입니다. 유체에는 밀도와 압력, 부피, 온도 같은 다양한 물리적 특성이 있고, 이들은 모두 서로 관련이 있습니다. 유체와 유체의 동역학을 이해함으로써 우리는 배를 타고 바다를 건너거나 비행기를 타고 하늘을 날 수 있게 되었습니다.

밀도와 압력

유체, 특히 기체는 온도와 담겨 있는 용기의 부피에 따라 변할 수 있습니다. 입자의 수는 그대로일 때
부피가 커지거나 작아지면 기체의 **밀도**(부피에 대한 질량의 비율) 역시 달라집니다.

유연한 용기 안에 일정 질량의 기체가 있다고 생각해 보세요. 공기를
불어넣은 뒤 공기가 빠져나가지 못하도록 입구를 묶어놓은 풍선처럼요.
상온에서는 공기 분자의 운동에너지가 커서 빠른 속도로 움직이기
때문에 풍선의 부피가 큽니다. 각 분자는 풍선에 충돌하며 외부를 향한
작은 힘을 가합니다. 이런 힘이 모여 풍선이 모양을 유지하게 합니다.

이것이 바로 **기체의 압력**(측정 단위는 파스칼 또는 N/m^2)이며, 온도와
부피의 함수로 나타낼 수 있습니다. 부피가 일정할 때 기체의 온도가
올라가면 압력 역시 커집니다.

기체의 압력(P)과 부피(V), 온도(T)는 다음과 같은 관계가 있습니다.
여기서 k는 상수입니다.

$$PV = kT$$

기체 압력

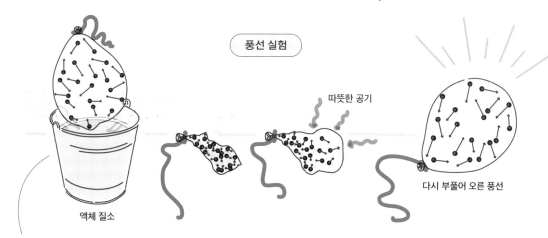

풍선 실험

따뜻한 공기

액체 질소

다시 부풀어 오른 풍선

만약 풍선을 액체 질소(영하
195.79°C 또는 77K)에 담그면
공기 분자가 갑자기 차갑게
식으면서 운동에너지를 거의 모두
잃어버립니다.

입자는 느려지면서 서로
가까워지고, 따라서 작은 공간 속에
더 많은 입자가 들어가게 됩니다.
이것이 바로 밀도 $\rho(kg/m^3)$입니다.
입자가 가하는 기체의 압력은 훨씬
더 낮아지고 풍선은 쭈그러듭니다.

풍선을 액체 질소에서 꺼내면
주변의 따뜻한 공기에서 차가운
풍선 속의 공기로 열이 흘러가며
입자의 운동에너지가 커집니다.
그리고 풍선이 다시 부풀어
오릅니다.

압력의 차이와 양력, 부력

주변보다 밀도가 작은 물체가 위로 떠오르게 하는 힘을 **부력**이라고 합니다. 고대 그리스의 수학자, 물리학자,
공학자, 발명가, 천문학자였던 **아르키메데스**Archimedes(기원전 287~기원전 217)는 이 성질을 연구하고
물체를 둘러싼 매질의 밀도와 물체가 받는 부력의 관계를 밝혔습니다.

부력

부력이라고 하면 우리는 흔히 물
위에 떠 있는 배를 먼저 떠올립니다.
실제로 바닷가에서 얕은 지역을
표시하기 위해 띄워놓는 부표와 부력
모두 '浮(뜰 부)' 자를 씁니다.

헬륨 풍선은 헬륨이 공기보다 밀도가
작기 때문에 위로 뜹니다. 마찬가지로
열기구는 풍선 안의 뜨거운 공기가
주변의 차가운 공기보다 밀도가 작기
때문에 떠오릅니다.

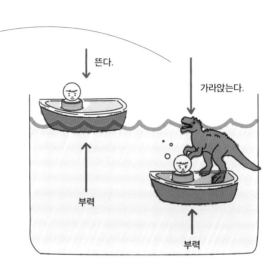

차가운 공기의
밀도가 더 높다.

열기구

분자

부력

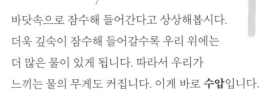

바닷속으로 잠수해 들어간다고 상상해봅시다.
더욱 깊숙이 잠수해 들어갈수록 우리 위에는
더 많은 물이 있게 됩니다. 따라서 우리가
느끼는 물의 무게도 커집니다. 이게 바로 **수압**입니다.

이제 물로 이루어진 기둥이 있다고 상상해보세요.
깊어질수록 물의 압력이 일정하게 커집니다. 즉, 만약 어떤
물체가 물속에 잠겨 있다면, 위쪽에 있을 때보다 바닥에
있을 때 더 큰 수압을 받는다는 뜻입니다. 이 **부력**(위로 뜨는
힘)이 아르키메데스의 원리를 뒷받침합니다.

아르키메데스의 원리

유체 속에서 물체가 떠오르는 방법은 단 하나뿐입니다. 중력에 의한
무게가 위를 향한 힘과 균형이 맞는 것입니다.

물속에 놓인 물체는 물과의 밀도 차이에 따라 가라앉거나 떠오릅니다.

아르키메데스는 어떤 물체의 무게가 같은 부피의 물보다 작을(즉
밀도가 작을) 때 물에 뜬다는 사실을 알아냈습니다. 나무나
공기로 차 있는 배 같은 물체는 뜨지만, 돌과 금속 같은
물체는 가라앉습니다.

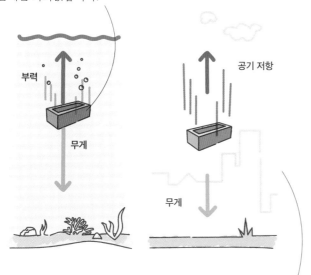

아르키메데스의 원리
위를 향한 부력
= 물체가 밀어낸 유체의 무게

무게가 0.75kg인 물체가 0.25kg만큼의
물을 밀어낸다면, 부력은 0.25kg가 된다.
물체가 가라앉는 것을 막기에는 부족하다.

벽돌을 포함한 모든 물체는 물속에서 위로 향하는 힘을 받습니다.
이 힘이 물체의 무게와 같아야 물에 뜹니다. 벽돌은 공기보다
물속에서 훨씬 더 천천히 가라앉습니다.

유레카!

아르키메데스는 물체가 받는 부력이
물체가 밀어낸 유체의 무게와
똑같다는 사실을 알아냈습니다.
따라서 물보다 밀도가 작은 물체는
같은 부피의 물보다 가볍고,
물체는 자신의 무게보다 큰 부력을
받습니다. 그러면 물체는 바다에
뜬 배처럼 수면 위로 떠오릅니다.
물보다 밀도가 큰 물체는 벽돌처럼
가라앉습니다.

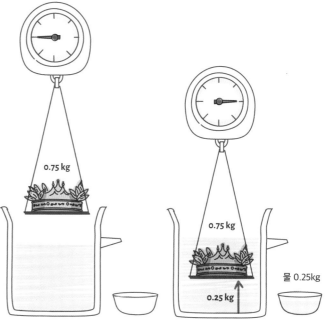

유체의 흐름과 베르누이의 원리

유체는 모습을 바꿀 수 있는 물리적 특성 덕분에 물체 주위를 돌아서 흐를 수 있습니다. 만약 단단한 물체가 유체 사이를 통과하면, 유체는 그에 따라 모습을 바꾸어 물체를 흘려보냅니다. 경주용 자동차의 공기역학이나 프로펠러 주변의 물처럼 여러 사례가 있습니다. **유체역학**은 유체의 움직임과 이 움직임에 대한 반응으로 생기는 힘을 다루는 물리학의 한 분야입니다.

유체의 흐름

기체와 액체 같은 유체는 받는 힘에 따라 흐릅니다. 물은 약 4℃까지는 차가워질수록 밀도가 높아집니다. 이보다 더 차가워지면 밀도가 낮아집니다. 분자의 운동에너지가 줄어들면서, 각 분자 사이의 거리도 줄어듭니다. 그러면 유체의 밀도가 커지고, 아르키메데스의 원리에 따라 아래로 기라앉습니다.

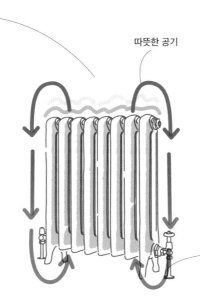

따뜻한 공기

차가운 공기

차가운 유체는 따뜻한 유체 아래로 가라앉아 서로 온도가 다른 층을 이룹니다. 따뜻한 유체가 차가운 유체 위에 놓이지요. 기체의 움직임도 똑같은 원리를 따릅니다. 따뜻한 공기는 차가운 공기 위로 올라갑니다. 난방기는 근처에 있는 공기를 데우며, 따뜻해진 공기는 방의 위쪽으로 흐릅니다.

이 원리가 바로 날씨를 좌우하는 요소입니다. 공기가 따뜻해지면 위로 솟아오릅니다. 그 빈 공간을 차가운 공기가 들어와 채우며 **저기압 상태**를 만듭니다. 이때 우리는 공기가 지나가는 바람을 느끼지요. 따뜻한 공기는 상승하면서 점점 차가워집니다. 그리고 따뜻한 공기 안에 있던 수분이 응축하면서 비가 되어 내립니다.

전선

따뜻한 공기

한랭전선

차가운 공기

대량의 강우

베르누이의 원리

스위스의 물리학자 **다니엘 베르누이**Daniel Bernoulli(1700~1782)의 이름을 딴 **베르누이의 원리**는 날씨의 원리와 같습니다. 비행기의 날개 위로 빠르게 움직이는 공기는 저기압을 만듭니다. 비행기의 날개는 위로 지나가는 공기가 아래로 지나가는 공기보다 빨리 움직일 수 있는 형태로 만들어졌습니다.

유체가 흐르는 **속도의 차이**는 날개 위쪽과 아래쪽에 **압력의 차이**를 만듭니다. 유체의 흐름과 비행기 날개의 상대적인 속도가 양력을 만듭니다. 맞바람(앞에서 불어오는 바람)을 맞으며 날아가는 비행기는 더 큰 양력을 받습니다.

압력은 일정한 면적(A)이 받는 힘(F)으로 정의할 수 있으며, 다음과 같은 공식으로 나타냅니다.

$$P = \frac{F}{A}$$

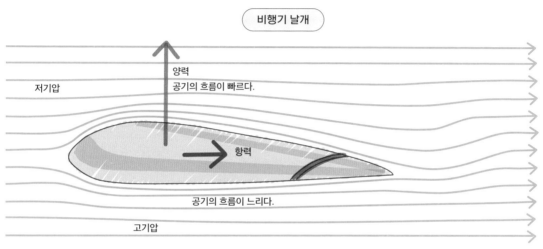

비행기 날개

양력
공기의 흐름이 빠르다.

저기압

항력

공기의 흐름이 느리다.

고기압

항력

항력 또는 공기의 저항은 유체를 통과하며 움직이는 물체가 받는 마찰력입니다. 항력은 물체의 크기(물체가 클수록 항력이 더 큽니다)와 속도의 제곱에 비례합니다. 경주용 자동차는 가능한 한 공기를 효율적으로 통과할 수 있게 만들어집니다. 공기가 위로 부드럽게 흘러가도록 몸체를 낮고 매끄럽게 만들어 저항을 최소화합니다.

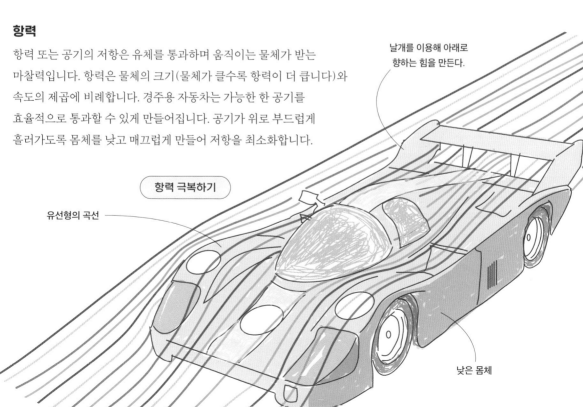

날개를 이용해 아래로 향하는 힘을 만든다.

항력 극복하기

유선형의 곡선

낮은 몸체

밀도

기체나 액체 속의 입자가 서로
얼마나 가까운지를 나타내는
척도. 입자가 빽빽하게 모여
있을수록 같은 부피일 때 질량이
더 크다(kg/m³).

움직이는 기체 입자가 용기의 벽에
부딪히는 힘으로, N/m² 단위로
측정. 온도가 높을수록 입자가
빨리 움직이고, 일정한 부피에 더
많은 입자가 있을수록 충돌 횟수도
늘어난다. 두 경우 모두 압력이 커진다.

기체 압력

밀도와 압력

유체

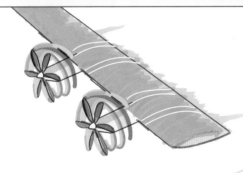

고정된 물체 주위로 흐르는 유체의 속도 차이는
두 표면 사이에 압력의 차이를 만든다.

베르누이의 원리

양력

유체가 흐르는 속도가 변하면서 힘의 균형이 어긋나
생긴다. 물체는 높은 압력에서 낮은 압력으로 움직인다.
비행기 날개가 양력을 일으키는 이유

유체역학

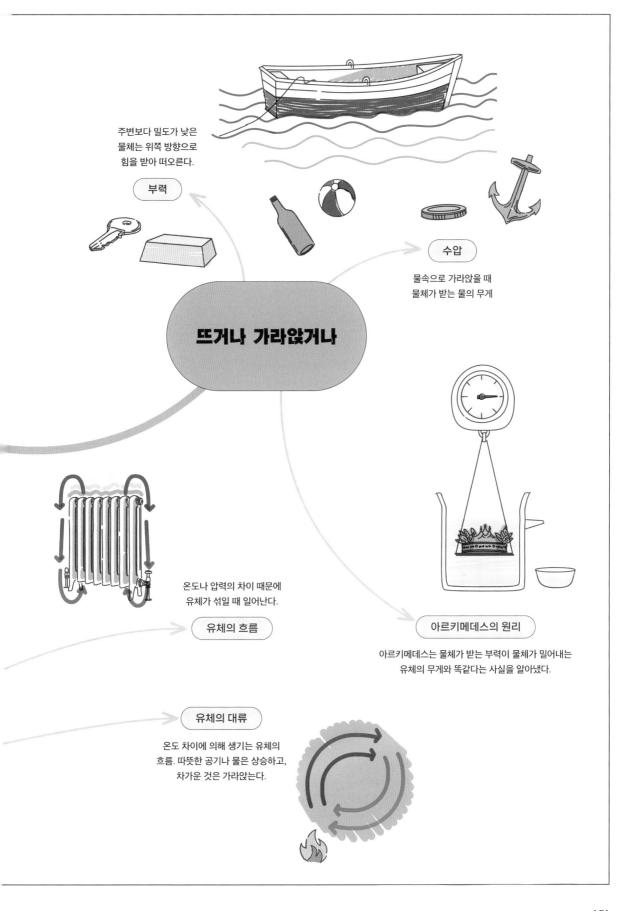

주변보다 밀도가 낮은
물체는 위쪽 방향으로
힘을 받아 떠오른다.

부력

수압

물속으로 가라앉았을 때
물체가 받는 물의 무게

뜨거나 가라앉거나

온도나 압력의 차이 때문에
유체가 섞일 때 일어난다.

유체의 흐름

아르키메데스의 원리

아르키메데스는 물체가 받는 부력이 물체가 밀어내는
유체의 무게와 똑같다는 사실을 알아냈다.

유체의 대류

온도 차이에 의해 생기는 유체의
흐름. 따뜻한 공기나 물은 상승하고,
차가운 것은 가라앉는다.

12장

현대물리학

물리학은 우주가 움직이는 근본적인 물리법칙을 연구하는
학문입니다. 거시 규모에서는 힘이 물체를 가속하며, 유체는
한곳에서 다른 곳으로 흐릅니다. 그러나 양자 수준에서
입자(원자와 아원자)가 보이는 행동이나 광속에 가깝게
움직이는 입자의 운동처럼 우리의 머리를 혼란스럽게 만드는
분야도 있습니다. 뉴턴은 일상적인 측면에서 물체의 운동을
바탕으로 운동 법칙을 만들었습니다. 하지만 물체가 아주 작거나
아주 빠를 때는 이런 법칙이 깨질 수도 있어 개선이 필요합니다.

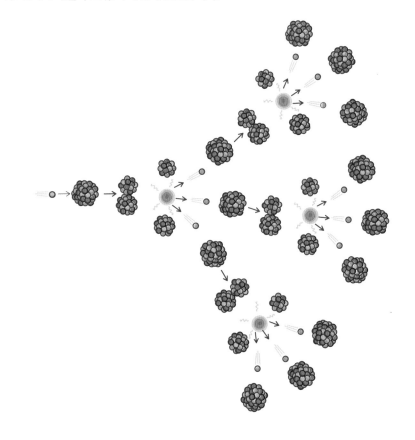

특수상대성이론

모든 **관성좌표계**(가속도가 없음) 또는 우주에서 움직이는 영역 안에서 물리학 법칙은 변하지 않습니다. 그리고 빛의 속도는 우주 안의 관측자와 무관합니다. 이런 전제를 **특수상대성이론**이라고 합니다.

마이컬슨과 몰리는 **마이컬슨 간섭계**(126쪽을 보세요)를 이용해 우주가 텅 빈 진공인지 **전자기파**가 움직일 수 있는 매질인 **에테르**로 가득 차 있는지를 알아내려고 했습니다. 공간을 채우고 있는 가상의 매질에 대한 지구의 움직임을 측정하고, 이 움직임에 대한 빛의 움직임을 알아보기 위한 실험이었습니다. 움직이는 자동차에서 바람의 속력을 측정하는 것과 비슷합니다. 그 결과 어떤 변화도 나타나지 않았고, 이는 에테르가 존재하지 않는다는 사실을 의미했습니다.

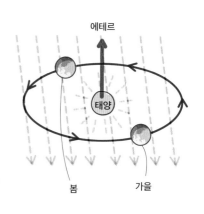

이 실험에서 아무것도 얻지 못했지만 실패는 아니었습니다. 오히려 더 많은 의문을 불러일으켰습니다. 만약 에테르가 없다면, 지구의 속도에 대해 광속이 변하지 않는다면, 빛에는 도대체 어떤 다른 점이 있는 걸까요?

알베르트 아인슈타인Albert Einstein(1879~1955)은 이 결과를 가지고 빛에 대한 관찰자의 움직임과 무관하게 광속이 우주의 절대적인 최대 속도라고 추측했습니다. 어떻게 측정하든 **상대속도**는 **광속**(3×10^8m/s)을 넘을 수 없었습니다. 실제로 어떤 사람이 광속에 가깝게 움직이면, 외부에서 볼 때 그 사람의 시간이 느리게 흐르는 것처럼 보입니다. 이것이 관찰자의 관성계 밖에 있는 입자의 상대 속도가 느려지는 것처럼 보인다는 사실에 깔려 있는 기본 전제입니다.

서로 상대를 향해 움직이는 두 관찰자가 볼 때 상대방이 움직이는 상대 속도는 똑같습니다. 그 상대 속도가 얼마든 둘이 서로 가까워지는 속력을 합한 값은 절대 광속보다 클 수 없습니다.

시간 팽창

지구 좌표계에서 두 친구의 나이는 같다.

시간은 광속에 가깝게 움직이는 우주선에서보다 지구에서 상대적으로 빨리 흐른다.

일반상대성이론

질량과 에너지는 공간과 시간의 구조 또는 시공간에 영향을 끼쳐 부분적으로 휘게 합니다.
그에 따라 빛과 시간의 흐름이 영향을 받습니다. 이것이 바로 **일반상대성이론**입니다.

뉴턴의 중력 법칙은 수 세기 동안 중력이 질량을 가진 물체에 끼치는
영향을 표현하는 법칙으로 인정받았습니다. 모든 관측 결과가 질량을
가진 물체는 중력장 안에 있을 때 중력장의 세기에 따라 가속을 받는다는
생각을 입증해 주었지요. 여기서 중요한 건 질량이 있어야 한다는 겁니다.
이 질량은 뉴턴의 중력 법칙에 의한 중력장의 세기만큼 가속을 받습니다.

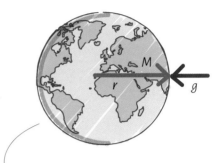

$$g = \frac{GM}{r^2}$$

M은 중력장을 만드는 물체의 질량이고,
r은 두 물체의 중심 사이의 거리입니다.

등가원리

1907년 아인슈타인은 새로운
생각을 떠올리고, 여기에
등가원리라는 이름을 붙였습니다.
등가원리는 중력장 안의
가속좌표계와 외부의 힘을 받아
가속하는 좌표계 사이에 아무런
차이가 없다는 이론입니다. 이
원리는 일반 상대성이론의 초석이
되었습니다.

어떤 사람이 엘리베이터에 탄 채로 자유낙하하고 있다고 생각해보세요.
엘리베이터에 탄 사람은 자신의 몸무게를 느끼지 못합니다. 사람과
엘리베이터가 모두 똑같이 9.8m/s²로 지구를 향해 가속하고 있기 때문입니다.
가속도는 질량과 상관없이 똑같습니다. 그 사람은 자신이 중력장 안에서
가속을 받고 있는지 아니면 제자리에 가만히 떠 있는지 알 수 없습니다.

실제로 엘리베이터에 탄 사람이 추락하는 동안 공을 떨어뜨리면, 공도 아래를
향해 똑같이 가속하므로 사람 옆에 가만히 있게 됩니다.

휘어진 시공간

아인슈타인은 시각적으로 생각했기 때문에 **사고실험**을 통해 많은 아이디어를 얻었습니다. 이런 아이디어는 나중에 수학적으로 증명되었습니다.

다시 한번 엘리베이터에 탄 사람을 생각해봅시다. 이번에는 엘리베이터가 완전히 고립되어 있지 않습니다. 엘리베이터의 양쪽 벽에 완벽하게 일직선으로 이어지는 구멍 두 개가 나 있습니다. 한쪽 구멍을 통해 빛이 들어와 반대쪽 구멍을 향해 똑바로 움직이면, 구멍을 통과할 수 없습니다. 그동안 엘리베이터가 위로 조금 움직였기 때문입니다. 빛의 입장에서 볼 때 자신은 완벽히 직선으로 움직였습니다.

모든 질량은 주위의 공간을 왜곡합니다. 질량이 클수록 그 효과는 더 강합니다. 태양은 시공간에 큰 왜곡을 일으켜 지구와 같은 주변 전체의 운동에 영향을 끼칩니다.

이 간단한 사고실험은 등가원리와 결합하면 심오한 의미를 갖습니다. 만약 가속좌표계가 중력장의 존재와 똑같다면, 중력은 빛의 경로에도 영향을 끼쳐야 합니다. 그런데 빛은 질량이 없으므로 뉴턴의 중력 법칙과 어긋나게 됩니다. 이 예측은 전례가 없던 것으로 논란의 대상이 되었습니다.

실제 빛의 경로

관측한 빛의 경로

실제 별의 위치   별에서 나온 빛의 경로

태양

지구

지구에서 보이는 위치

아인슈타인의 이론은 별과 은하에서 날아오는 빛이 **중력렌즈**(184쪽을 보세요) 때문에 방향이 바뀌는 현상과 **블랙홀**과 **중력파**의 존재, 중력장 안에서 시간이 느려지는 현상을 예측했습니다. 이후 여러 관측 결과가 이 예측을 입증했고, 지금도 아인슈타인의 이론은 중력장이 여러 천문 현상에 끼치는 영향을 정확히 설명하고 있습니다.

핵물리학

비교적 최근에 생긴 이 물리학 분야는 지난 100년 사이에 엄청나게 발전했습니다. 원자핵은 너무 작아서 직접 관찰할 수 없습니다. 이렇게 작은 영역을 우리가 이해할 수 있게 해준 건 20세기 초의 뛰어난 물리학자들이었습니다.

러더퍼드의 산란 실험

어니스트 러더퍼드 Ernest Rutherford(1871~1937)는 뉴질랜드 태생의 영국 물리학자로 우리가 알고 있던 원자의 구조를 바꾸어 놓았습니다. 1909년 러더퍼드는 얇은 금박을 향해 알파 입자(헬륨 원자핵)를 쏜 뒤 그 경로를 관찰했습니다. 이것이 유명한 **산란 실험**입니다. 기존 모형, 즉 **존 톰슨**의 '자두푸딩' 모형에 따르면, 알파 입자는 거의 방향이 바뀌지 않고 똑바로 통과해야 했습니다. 그러나 관측 결과 전혀 다른 예상치 못했던 현상이 벌어졌습니다. 대부분의 입자는 똑바로 통과했지만, 일부는 아주 큰 각도로 방향이 바뀌었습니다. 게다가 소수의 입자는 아예 다시 튕겨 나왔습니다.

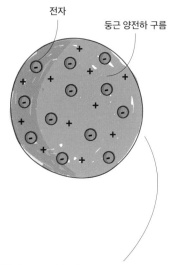

전자

둥근 양전하 구름

원자 푸딩

불과 5년 전이었던 1904년 영국의 물리학자 **조지프 존 톰슨**Joseph John Thomson(1856~1940)은 **자두푸딩 모형**을 주장했습니다. 음전하인 전자가 있다는 사실과 원자 전체는 중성이라는 사실은 전자만큼의 양전하가 역시 있어야 한다는 사실을 암시했습니다. 톰슨은 전자가 커다란 양전하 안에 전자가 박혀 있는 모형을 주장했습니다. 양전하인 푸딩에 음전하인 자두가 박혀 있는 것처럼요.

러더퍼드는 이것을 종이에 총을 쏘았는데 총알이 튕겨 나온 것과 같다고 비유했습니다! 이 결과는 원자 대부분이 사실 빈 공간이며 중심에 아주 작은 양전하가 있다는 결론으로 이어졌습니다.

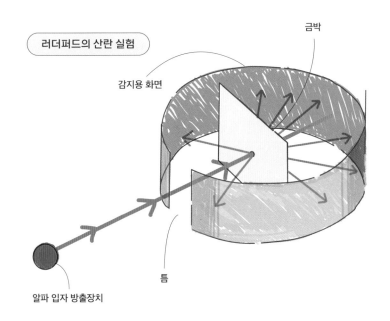

러더퍼드의 산란 실험

금박

감지용 화면

틈

알파 입자 방출장치

원자와 원자핵

러더퍼드의 발견은 당시에 알고 있던 원자 모형을 완전히 바꾸어 놓았습니다. 원자가 아주 작고 밀도가 높으며 강력하게 대전된 핵과 그 주위를 돌고 있는 전자로 이루어져 있다는 사실이 분명해졌습니다. 이 **러더퍼드의 원자 모형**은 1911년에 등장했습니다.

1913년 덴마크의 물리학자 **닐스 보어**Niels Bohr(1885~1962)는 특정(**양자화된**) 에너지에서 존재할 수 있는 전자의 최대 수가 정해져 있는 전자껍질을 도입해 러더퍼드의 모형을 개선했습니다. 이 개선 모형은 전자가 한 껍질에서 다른 껍질로 움직이며 에너지가 떨어질 때 특정 진동수의 복사선을 방출하는 이유를 설명할 수 있었습니다.

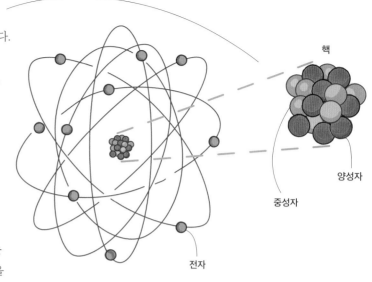

핵

양성자

중성자

전자

바깥쪽으로 갈수록 궤도의 에너지가 높아진다.

n = 3
n = 2
n = 1

모든 원소는 원자로 이루어져 있습니다. 그리고 원소의 성질을 결정하는 건 핵 안에 들어 있는 양전하인 양성자의 수(**원자번호**)입니다.

수소 동위원소

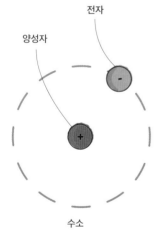
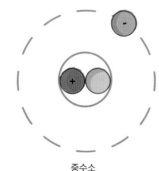
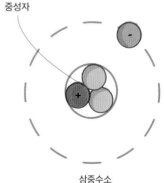

전자

양성자

중성자

수소   중수소   삼중수소

원자의 전하가 중성이 되려면 양성자와 같은 수의 전자가 있어야 합니다. 양성자의 수가 같아도 중성자의 수는 다를 수 있습니다. 그래서 같은 원소의 **동위원소**가 존재합니다. 예를 들어, 수소는 양성자가 하나뿐이지만, 동위원소가 세 가지 있습니다. 수소 원자와 중수소, 삼중수소입니다. 이들 동위원소는 별 내부에서 수소를 헬륨으로 바꾸며 에너지를 얻는 **핵융합** 과정의 중요한 요소입니다.

핵반응

두 원자핵 또는 원자핵과 중성자 같은 다른 입자가 상호작용해 다른 원자핵이 되는 현상을 핵반응이라고 합니다.
일반적으로 핵반응에 참여하는 양성자와 중성자(합쳐서 핵자라고 합니다)의 수는 전하나 에너지와 같은
다른 양과 함께 그대로 보존됩니다.

핵붕괴

핵 속 양성자 사이의 정전기 반발력이 커서 불안정한
동위원소는 핵붕괴를 일으킵니다. 핵이 쪼개지면서 두 개
이상의 **딸원소**를 만들며 **알파 입자**(헬륨 원자핵), **베타
입자**(전자), **감마선**(전자기파)과 같은 복사선을 방출합니다.
붕괴 과정에서 나오는 입자의 운동에너지와 감마선 에너지의
형태로 에너지도 방출됩니다.

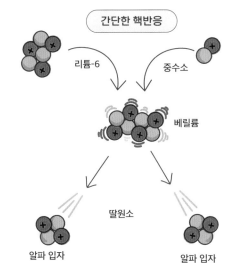

불안정한 원자핵이 알파 입자를 내놓으면 양성자 두 개와 중성자 두
개를 잃습니다. 원자번호가 줄어들면서 화학적 성질도 달라지고,
결국 다른 원소가 됩니다. 만약 베타 입자 하나를 내놓으면 중성자
하나가 양성자가 되고, 원자번호가 커집니다. 이때도 역시 다른
원소가 됩니다. 불안정한 원자핵은 감마선을 방출하며 에너지를
내어놓고 스스로 안정한 상태가 되기도 합니다.

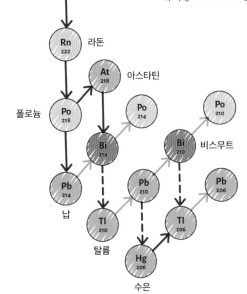

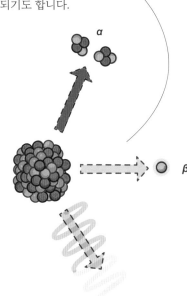

일반적인 핵반응

핵반응에는 두 종류가 있습니다. **핵분열**과 **핵융합**입니다. 핵분열은 불안정한 원소가 두 개 이상의 조각으로 쪼개지는 현상입니다. **원자력발전소**에서 이용하는 원리지요. 핵융합은 두 개 이상의 원소가 양성자 사이의 반발력을 이길 수 있을 정도로 큰 운동에너지를 갖고 충돌해 새로운 원소로 합쳐지는 현상입니다. 핵융합은 별이 에너지를 만드는 방식입니다.

원자력발전소는 주로 우라늄-235를 사용합니다. 여기에 여분의 중성자 하나를 충돌시키면 중성자가 풍부하고 불안정한 우라늄-236이 됩니다. 우라늄-236은 방사성 원소 두 개로 쪼개집니다. 그와 함께 감마선과 운동에너지가 매우 큰 중성자 세 개도 나옵니다. 이 세 중성자가 각각 다른 우라늄-235 원자핵과 결합하면서 **연쇄반응**이 일어납니다.

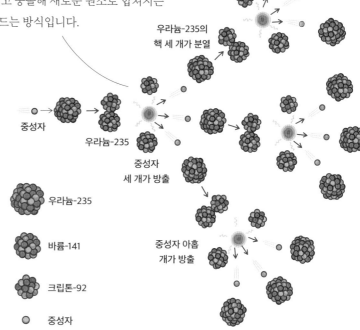

별에서 일어나는 핵융합

별은 핵융합 반응을 일으켜 에너지를 얻습니다. 별의 중심부에서 수소를 융합해 중수소를, 그리고 헬륨보다 가벼운 동위원소인 헬륨-3를 만듭니다. 그 과정에서 엄청난 열이 생깁니다. 핵융합 반응을 일으키기 위해서는 엄청난 온도와 밀도, 압력이 필요합니다. 그게 가능한 곳은 별의 중심부뿐이지요. 아직까지 과학자들은 지구에서 핵융합으로 에너지를 얻는 데 성공하지 못했습니다.

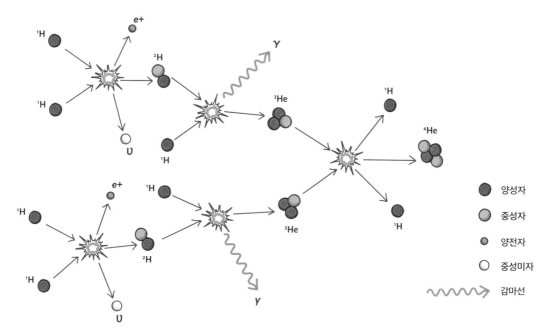

양자역학

양자역학을 공부하다 보면 고전역학으로는 설명할 수 없는 여러 가지 기묘하고 반직관적인 현상을 만날 수 있습니다.

빛이 아주 작은 입자로 이루어져
있다고 처음 주장한 사람은
뉴턴이었습니다. 뉴턴은 이것으로
반사의 원리를 설명했습니다.
그리고 1678년 하위헌스는
빛에 파동의 성질이 있다고
주장했습니다. 흥미롭게도 두 사람
모두 옳았습니다. 빛은 파동처럼 행동하기도 하고 입자처럼 행동하기도 합니다.
이런 성질을 빛의 **파동-입자 이중성**이라고 합니다.

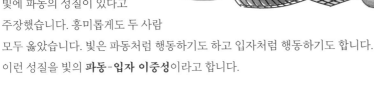

파동처럼 행동

파동과 입자

입자처럼 행동

오늘날 빛이 **광자**라고 하는 작은 에너지 덩어리(**양자**)로 이루어져 있으며
연속된 에너지의 파동이 아니라는 사실은 잘 알려져 있습니다. 이 아이디어는
양자역학으로 가는 문을 열었습니다.

양자역학의 역사

독일의 물리학자 **막스 플랑크**Max Planck(1858~1947)는 이론과 관측이 어긋나지
않으려면 가열했을 때 물체의 에너지가 양자라고 하는 일정한 단위로 늘어나야 한다고
추론했습니다. 워낙에 급진적인 생각이었기 때문에 플랑크 자신도 이 이론을 '필사적인
행동'이라고 불렀습니다. 1905년 젊은 아인슈타인은 **빛의 양자화**라고 불린 이 이론에
매달렸습니다. 이 이론은 관측으로 찾아낸 **수소 흡수선**처럼 특정 파장에서만 보이는
스펙트럼선을 비롯한 현상을 설명하는 데 도움이 되었습니다.

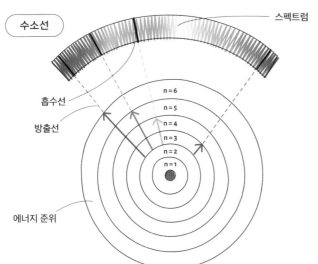

수소선

스펙트럼

흡수선

방출선

n = 6
n = 5
n = 4
n = 3
n = 2
n = 1

에너지 준위

1913년, 닐스 보어는 원자에 있는
전자가 특정 에너지 껍질에만
존재하며, 정확한 양의 에너지를
흡수하거나 방출해야 그 사이를
옮겨 다닐 수 있으며 이때 어두운
흡수선이 생기거나 광자를 방출한다고
설명함으로써 이 문제를 해결했습니다.

**수소는 전자가 하나밖에 없지만, 에너지 준위가
많다. 전자가 더 낮은 준위로 이동하면, 광자가
나오고 스펙트럼에 방출선으로 나타난다.**

모두가 힘을 합쳐

1923년 프랑스의 물리학자 **루이 드 브로이**Louis de Broglie(1892~1987)는 만약 파동에 광자처럼 입자와 같은 성질이 있다면, 입자도 파동과 같은 성질을 보일 것이라고 주장했습니다. 실제로 드 브로이는 여기서 더 나아가 입자에 운동량(mv)에 따른 파장이 있다고 설명했습니다. 이것을 **드브로이 파장**이라고 합니다.

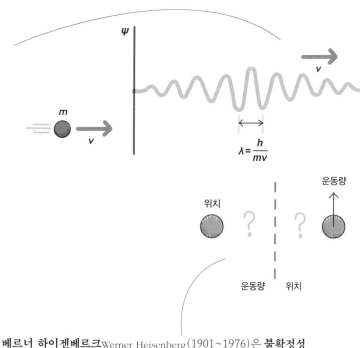

$$\lambda_{db} = \frac{h}{mv}$$

여기서 h는 플랑크 상수입니다.

만약 이게 사실이라면, 회절이나 간섭 같은 파동의 성질을 보일 수 있어야 합니다. 이 이론은 시간이 흐른 뒤 빛의 이중슬릿 실험에 기반을 둔 전자의 회절을 통해 입증되었습니다.

베르너 하이젠베르크 Werner Heisenberg(1901~1976)은 **불확정성 원리**에서 입자의 위치와 운동량을 동시에 아는 것이 불가능하다는 사실을 밝혔습니다.

볼프강 파울리 Wolfgang Pauli(1900~1958)는 "핵 주위에서 똑같은 양자역학적 상태에 있는 두 전자가 공존할 수는 없으므로 각 전자껍질을 점유할 수 있는 전자의 최대 수는 고정되어 있다"라는 **배타 원리**를 만들었습니다.

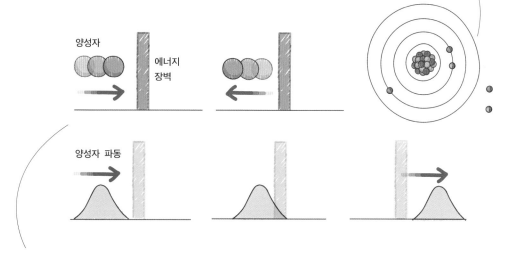

에르빈 슈뢰딩거 Erwin Schrödinger(1887~1961)는 **파동역학**을 만들었고, 입자가 있을 수 있는 위치를 나타내는 **확률 파동함수**의 존재를 추측했습니다.

표준 물리학으로는 불가능한 현실도 **양자역학** 원리에 따르면 가능해집니다. 별 안에서 두 양성자가 융합할 수 있는 조건은 뉴턴 역학으로 설명할 수 없습니다. **양자터널** 효과로 두 양성자가 결합해 중수소를 만들고 계속 융합할 수 있게 해주는 건 아리송한 양자역학의 원리입니다.

표준 모형

지금쯤 양성자나 중성자, 전자처럼 원자 내부에 있는 입자는 익숙해졌을 겁니다. **표준 모형**은 이런 입자를 더욱 작은 아원자 입자로 나누고 기본 입자로 분류합니다. 이들은 페르미온과 보손으로 나눌 수 있습니다. 표준 모형은 1970년대에 등장했습니다. 우리가 알고 있는 모든 기본 입자는 분류가 되어 있으며, 예측하고 있는 입자도 있습니다.

페르미온과 보손

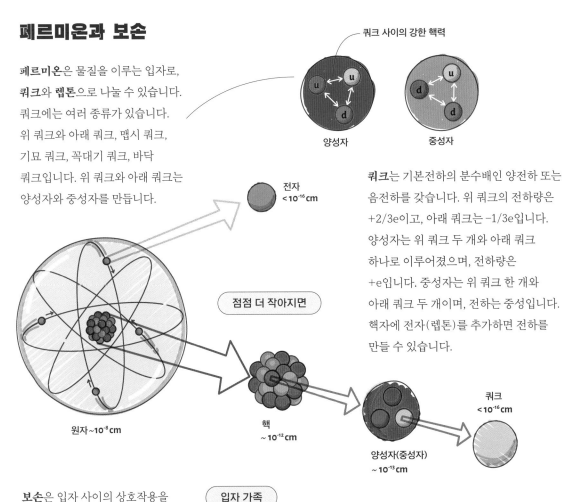

페르미온은 물질을 이루는 입자로, **쿼크**와 **렙톤**으로 나눌 수 있습니다. 쿼크에는 여러 종류가 있습니다. 위 쿼크와 아래 쿼크, 맵시 쿼크, 기묘 쿼크, 꼭대기 쿼크, 바닥 쿼크입니다. 위 쿼크와 아래 쿼크는 양성자와 중성자를 만듭니다.

쿼크 사이의 강한 핵력

양성자

중성자

전자
< 10^{-16} cm

점점 더 작아지면

원자~ 10^{-8} cm

핵
~ 10^{-12} cm

양성자(중성자)
~ 10^{-13} cm

쿼크
< 10^{-16} cm

쿼크는 기본전하의 분수배인 양전하 또는 음전하를 갖습니다. 위 쿼크의 전하량은 +2/3e이고, 아래 쿼크는 −1/3e입니다. 양성자는 위 쿼크 두 개와 아래 쿼크 하나로 이루어졌으며, 전하량은 +e입니다. 중성자는 위 쿼크 한 개와 아래 쿼크 두 개이며, 전하는 중성입니다. 핵자에 전자(렙톤)를 추가하면 전하를 만들 수 있습니다.

보손은 입자 사이의 상호작용을 매개하는 입자로, 힘 입자라고 불릴 때도 있습니다. 예를 들어, **글루온**은 쿼크가 뭉쳐서 양성자와 중성자가 되게 해주는 강한 핵력을 매개합니다. 서로 상호작용하는 모든 입자는 상호작용을 매개하는 보손이 필요합니다.

입자 가족

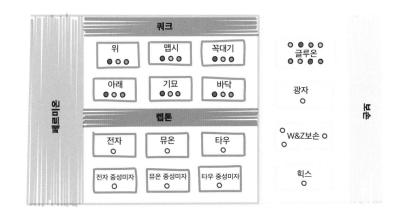

페르미온

쿼크

| 위 | 맵시 | 꼭대기 |
| 아래 | 기묘 | 바닥 |

렙톤

| 전자 | 뮤온 | 타우 |
| 전자 중성미자 | 뮤온 중성미자 | 타우 중성미자 |

글루온

광자

W&Z보손

힉스

보손

162

아원자 입자의 성질

기본입자는 **전하량**(e를 기준으로 나타냄)과 **스핀, 색, 질량** 같은 양자역학적 성질이 서로 다릅니다.

아래 표는 아원자 입자를 분류해놓은 것으로, 입자를 예측한 해와 검출하는 데 성공한 해를 기재해두었습니다.

분류			입자	예측	발견	전하량(e)
페르미온	쿼크	u	위 쿼크	1964	1968	+2/3+
		d	아래 쿼크	1964	1968	-1/3+
		c	맵시 쿼크	1970	1974	+2/3+
		s	기묘 쿼크	1964	1968	-1/3-
		t	꼭대기 쿼크	1973	1995	+2/3+
		b	바닥 쿼크	1973	1977	-1/3-
	렙톤	e	전자	1874	1897	$-1\frac{1}{3}-$
		u	뮤온	0	1936	-1-
		T	타우	0	1975	-1-
		ve	전자 중성미자	1930	1956	-1-
		vμ	뮤온 중성미자	1940년대	1962	-1-
		Vtau	타우 중성미자	1970년대	2000	0
	?	p	양성자	1815	1917	0
		n	중성자	1920	1932	0
보손	게이지	g	글루온	1962	1978	+1+
		Y	광자	0	1899	0
		w	W 보손	1968	1983	±1±
		z	Z 보손	1968	1983	0
	?	H	힉스 보손	1964	2012	0

반도체

고무 같은 부도체와 구리 같은 전도체 사이에 존재하는 **반도체**는 필요할 때마다 전도성을 켰다 끌 수 있습니다.
이 다용도 전자 소재는 대단히 유용합니다.

전도체 안의 전자는 자유롭게 움직일 수 있습니다. 따라서 전도체에 전압이 걸리면 전류가 흐릅니다. 부도체는 자유 전자가 없어서 그렇게 되지 않습니다. **반도체**는 원자 구조 때문에 전도체와 부도체의 특징을 모두 갖고 있습니다. 일반적인 반도체를 만드는 소재는 규소입니다. 규소는 전자 산업에서 널리 쓰입니다.

반도체의 종류

규소 원자에는 양성자 14개와 중성자 14개가 있고, 전자 14개가 전자껍질에 있습니다.

규소 원자의 가장 바깥쪽 껍질에는 전자가 여덟 개까지(**원자가전자**) 있을 수 있지만, 네 개밖에 없습니다. 서로 붙어 있는 규소 원자는 전자를 공유해 **원자가결합**을 이루며 결정 같은 구조를 형성합니다.

만약 붕소처럼 원자가전자가 세 개 있는 불순물을 첨가하면, 껍질에 전자가 없는 정공이 생깁니다. 주기적으로 옆에 있는 전자가 정공을 채우지만, 계속해서 전자가 이리저리 움직여야 합니다. 이것을 **P형 반도체**라고 합니다. 반도체에 전압이 걸리면 아무렇게나 움직이던 정공이 한 방향으로 정돈되면서 측정할 수 있는 전류가 흐릅니다.

만약 안티몬처럼 원자가전자가 다섯 개 있는 불순물을 규소에 섞으면, 원자가결합을 형성할 수 없는 전자가 하나 남게 되어 자유롭게 움직입니다. 이 전자는 전류를 실어 나를 수 있습니다. 이것을 N형 **반도체**라고 합니다. 불순물을 첨가하는 과정은 **도핑**이라고 부릅니다.

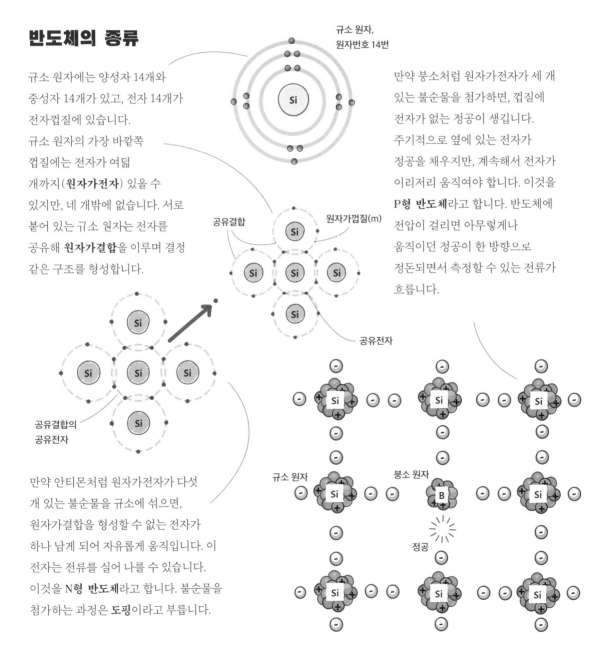

규소 원자, 원자번호 14번

공유결합

원자가껍질(m)

공유전자

공유결합의 공유전자

규소 원자

붕소 원자

정공

반도체의 활용

반도체가 전류를 흐르게 하는 능력은 몇 가지 요소에 따라 달라집니다. 반도체의 종류, 도핑 물질, 도핑 수준, 반도체 소재의 온도 등입니다. 뜨거워질수록 저항이 커지는 금속과 달리 반도체는 저항이 급속히 줄어듭니다.

이런 성질 덕분에 반도체는 스마트폰과 컴퓨터, 메모리카드 등 매우 다양한 전자기기에 여러 가지 방식으로 쓰이고 있습니다.

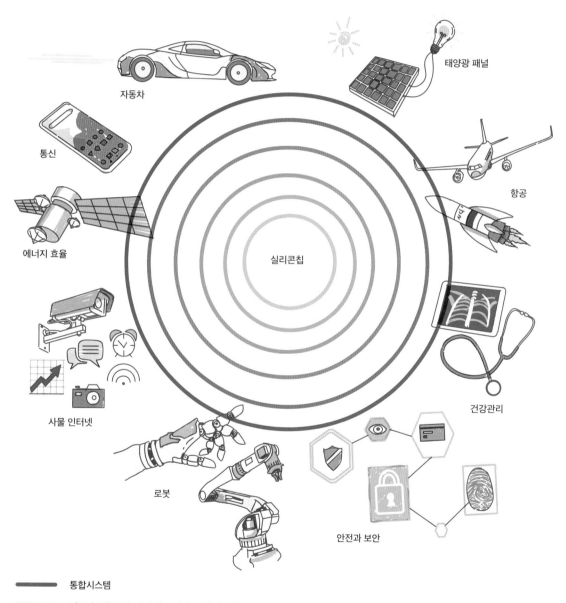

자동차

태양광 패널

통신

항공

에너지 효율

실리콘칩

건강관리

사물 인터넷

로봇

안전과 보안

━━━ 통합시스템

━━━ 서브시스템 장치: 인쇄 회로 기판, 표면 실장 기술

━━━ 완성품과 부품

━━━ 부품: 무선, 광학장치, 전자부품

━━━ 집적회로, 칩

규소 칩 반도체는 현대 기술의 핵심이다. 중심에서 바깥쪽으로 점점 커지는 동심원은 반도체가 평범한 집적회로를 만드는 일부터 고도로 정교한 통합시스템을 운영하는 일까지 가능하게 해주고 있다는 사실을 나타낸다. 현대를 살아가는 우리는 거의 모든 면에서 반도체에 의존하고 있다.

중력장 안의 가속좌표계와 외부의 힘을
받아 가속하는 것 사이에 차이는 없다.

등가원리

두 관찰자 사이의 상대 속도는
절대 광속을 초과할 수 없다.

아인슈타인의 이론

특수상대성이론

일반상대성이론

시간 팽창

움직이는 관성계에서 시간은
다른 속도로 움직이는 다른
관성계에 있는 관찰자가 볼
때 천천히 흐른다.

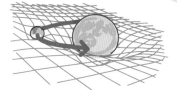

휘어진 시공간

중력은 시공간을 휜다.

현대물리학

반도체

전도체와 부도체 사이를
오가는 소재. 전자공학의
모든 영역에 쓰인다.

다함께 만든 이론

양자역학은 이어진 발견과
개선의 결과물이다.

막스 플랑크

양자 이론

기본입자를 페르미온(입자를 만드는
입자)과 보손(힘입자)으로 분류한다.

양자역학

볼프강 파울리

배타 원리

표준모형

에르빈 슈뢰딩거

확률 파동 함수

쿼크

전하, 스핀, 색, 질량 같은
특성이 있는 아원자 입자

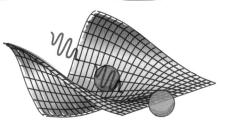

베르너 하이젠베르크

불확정성 원리

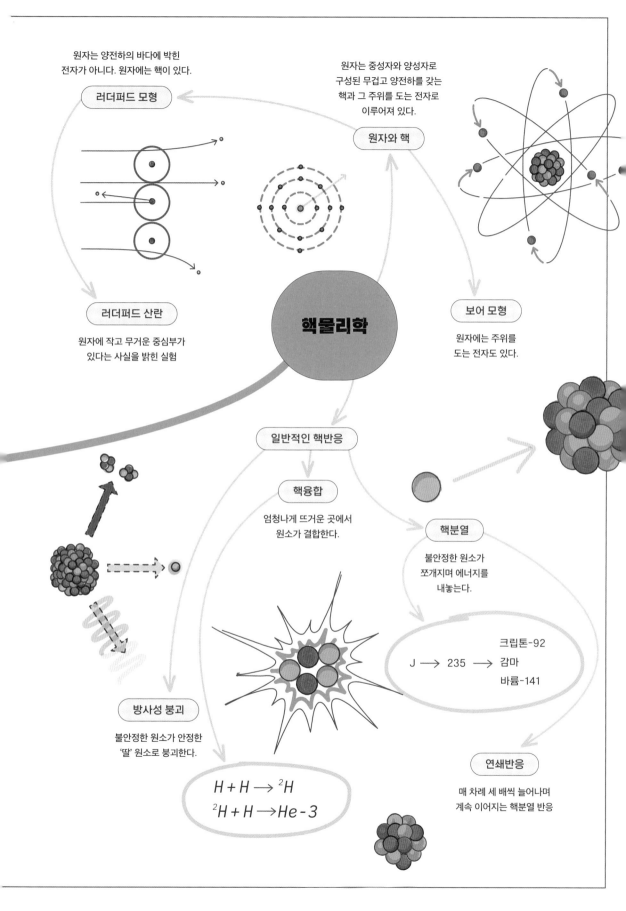

원자는 양전하의 바다에 박힌
전자가 아니다. 원자에는 핵이 있다.

러더퍼드 모형

원자는 중성자와 양성자로
구성된 무겁고 양전하를 갖는
핵과 그 주위를 도는 전자로
이루어져 있다.

원자와 핵

러더퍼드 산란

원자에 작고 무거운 중심부가
있다는 사실을 밝힌 실험

핵물리학

보어 모형

원자에는 주위를
도는 전자도 있다.

일반적인 핵반응

핵융합

엄청나게 뜨거운 곳에서
원소가 결합한다.

핵분열

불안정한 원소가
쪼개지며 에너지를
내놓는다.

크립톤-92

J $\longrightarrow$ 235 $\longrightarrow$ 감마

바륨-141

방사성 붕괴

불안정한 원소가 안정한
'딸' 원소로 붕괴한다.

$$H + H \longrightarrow {}^2H$$
$${}^2H + H \longrightarrow He\text{-}3$$

연쇄반응

매 차례 세 배씩 늘어나며
계속 이어지는 핵분열 반응

13장

천체물리학

천체물리학은 비교적 새로우면서도 동시에 아주 오래된 물리학
분야입니다. 천문학자는 인류 문명이 시작될 때부터 있었습니다.
하지만 제대로 된 장비가 없어서 어설프게 관측할 수밖에 없었지요.
우리가 우주의 놀라운 비밀을 탐구하며 파헤칠 수 있게 된 건 지름
8.2m짜리 반사경을 갖춘 칠레의 VLT(Very Large Telescope)처럼
강력한 지상의 망원경이 등장하면서부터였습니다. 1990년, 전과
비교할 수 없을 정도로 뛰어난 허블 우주망원경이 우주로 올라가면서
친문학과 천체물리학은 새롭고 흥미진진한 시대로 접어들었습니다.

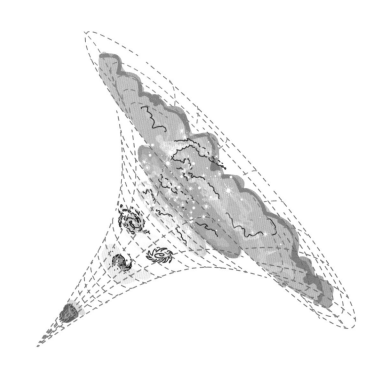

별의 진화

우리와 가장 가까운 별은 태양입니다. 지구와 태양 사이의 거리를 1**천문단위**(AU)라고 하지요. 태양은 지금까지 수십억 년 동안 꾸준하게 에너지를 보내 지구에서 생명체가 살 수 있게 해주었습니다. 하지만 태양은 그저 평범한 별일 뿐입니다.

별의 탄생

성운은 주로 수소와 헬륨, 그리고 약간의 다른 원소로 이루어진 먼지와 가스의 거대한 구름입니다. 무거운 원소는 수십억 년 전에 별이 **초신성**이 되어 큰 폭발을 일으켰을 때 생겨났습니다.

성운 안의 가스는 밀도가 높아서 새로 태어난 별 주위를 둘러싼 중력에 의해 끌어당기는 힘을 받아 중심을 향해 모여들 수 있습니다. 엄청난 양의 가스가 중심에서 뭉치면 부피가 줄어들면서 밀도는 더욱 높아집니다. 그리고 각속도를 보존하기 위해 회전속도도 빨라집니다. 마침내 중심부의 가스가 핵융합을 일으킬 정도로 밀도가 높아지면, 별이 탄생합니다!

새로 태어난 별 주위를 둘러싼 원반은 중력에 의해 서로 뭉쳐 행성이 되고, 행성은 언제까지나 그 별 주위를 돕니다.

원반

원시별

제트

새로 태어난 별

새로 태어난 행성때문에 궤도가 깨끗해진다.

생성 중인 행성

별은 핵융합(157쪽을 보세요) 과정을 통해 주로 수소를 융합해 헬륨으로 바꿉니다. 별이 처음 태어날 때의 질량에 따라 핵융합이 일어나는 속도와 별의 마지막 운명이 달라집니다.

말머리성운

태양의 삶과 죽음

태양 같은 작은 별은 중심부에서
적당한 속도로 연료를 소모하며
오랫동안 안정적으로 살아갑니다.
여기서 '오랫동안'은 수십억
년을 말하므로 그동안 주위를
도는 행성에서 생명체가 태어나
번성하기에 이상적인 환경이 됩니다.

태양은 45억 년 동안 현재 상태를
유지해왔습니다. 그리고 앞으로도
약 50억~60억 년 동안 같은 속도로
연료를 소모할 겁니다. 별의
생애에서 이 단계를 주계열이라고
하며, 태양은 **주계열성**이라고
부릅니다.

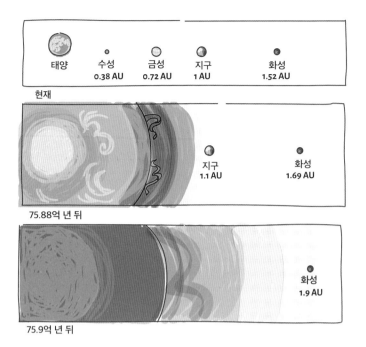

태양의 표면 온도는 현재 약 5800K입니다. 약 50억~60억 년 뒤면 중심부의 수소가 고갈되기 시작합니다. 그러면
중심부가 불안정해져서 붕괴하기 시작하고, 바깥쪽 층은 팽창하며 온도가 내려갑니다. 태양은 더욱 붉어집니다.
적색거성 단계에 들어선 것이지요.

바깥쪽 층은 중심의 뜨거운 영역이 서서히 가스를 우주로 방출하기 시작할 때까지 팽창합니다. 바깥쪽 층이 완전히
분리되고 나면 중심의 뜨거운 영역이 노출됩니다. 이것이 **백색왜성**입니다. 백색왜성은 지구 정도의 크기로 대단히
뜨겁습니다(약 2만 5000K). 하지만 백색왜성은 식어가는 별의 잔해일 뿐이므로 스스로 에너지를 만들지 못합니다.

바깥쪽 층이 백색왜성에서 멀어지면서,
태양은 **행성상 성운**이라는 삶의 마지막
단계에 들어섭니다. 뜨겁고 빛나는 가스
고리가 중앙의 백색왜성을 둘러싸고
있는 모습이지요.

모래시계 성운(MyCn18)

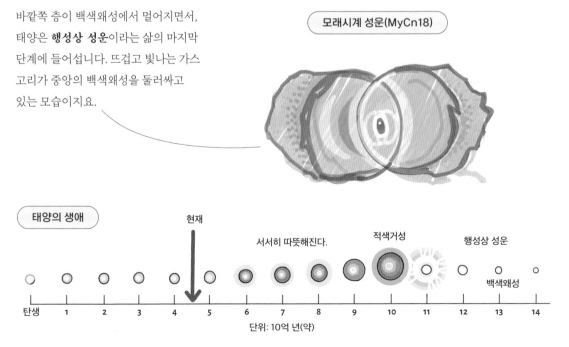

거대한 별의 삶과 죽음

질량이 태양의 10배 이상인 별의 생애는 매우 다르며 훨씬 더 화려합니다. 거대한 별은 연료를 훨씬 빨리 소모하며, 표면 온도는 1만~5만 K에 달합니다. 레굴루스는 지구에서 약 80광년 떨어져 있는 가까운 **청색거성**으로 표면 온도는 거의 1만 3000K입니다.

청색거성은 보통 1억~10억 년 동안 안정적으로 지내다가 연료가 고갈됩니다. 그러면 매우 불안정해지면서 **초신성 폭발**이라는 격렬한 죽음을 맞이합니다.

고갈된 핵이 갑자기 붕괴하면 온도에 큰 변화가 생깁니다. 그 결과로 폭발이 일어나면서 엄청난 충격파가 바깥쪽 층을 뚫고 나오면서 초고밀도의 물결을 만듭니다. 이 고밀도 영역은 수소와 헬륨보다 무거운 원소가 융합할 수 있는 환경이 되며, 여기서 우주에 존재하는 모든 원소가 생겨납니다. 초신성 폭발은 몇 주, 심지어는 몇 달 동안 은하 전체만큼 밝게 빛납니다.

질량이 태양의 1.4배 이상인 별의 남은 잔해는 **중성자성**이 되기도 합니다. 태양 질량의 1.4배 정도가 지름이 약 20km인 공 안에 압축되어 들어가는 셈이지요.

만약 별의 질량이 그보다 훨씬 더 크다면, 남은 잔해는 스스로 붕괴를 멈추지 못하고 블랙홀이 됩니다. 밀도가 매우 높아서 빛조차도 탈출할 수 없는 천체를 말합니다.

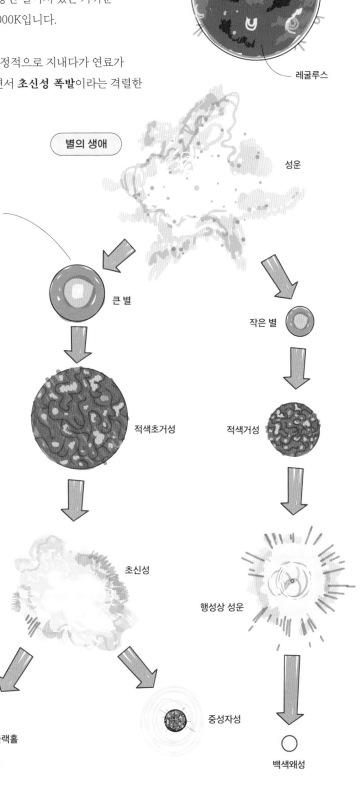

태양

레굴루스

별의 생애

성운

큰 별

작은 별

적색초거성

적색거성

초신성

행성상 성운

블랙홀

중성자성

백색왜성

헤르츠스프룽-러셀 도표

헤르츠스프룽-러셀 도표는 별의 온도를 x축으로, 별의 광도(에너지 출력)를 y축으로 나타낸 그림입니다. 은하에는 다양한 별이 있기 때문에 온도와 밝기의 범위가 매우 넓어서 각 축은 로그 눈금으로 나타냅니다.

열과 빛

이 체계는 시각적으로 나타내기 다소 어렵습니다. 그래서 별의 유형을 광도에 따라 배열합니다. 그러면 별이 여러 집단으로 묶이면서 상대적인 밝기와 온도를 보여줍니다. 이것이 **헤르츠스프룽-러셀(HR) 도표**입니다. 이 도표는 1910년경 아이나르 헤르츠스프룽과 헨리 노리스 러셀이 각각 독립적으로 개발했으며, 별의 진화를 이해할 수 있게 해준 중요한 발판이 되었습니다.

평범한 도표와 달리 수평축은 왼쪽에서 오른쪽으로 갈수록 온도가 낮아집니다. 하지만 수직축은 태양 광도의 10배씩 커집니다. 좀 더 복잡한 버전에서는 왼쪽에서 오른쪽으로 가며 아래로 기울어지는 사선을 볼 수 있습니다. 그러면 태양 반지름의 몇 배인지에 따라 별이 집단으로 나뉩니다.

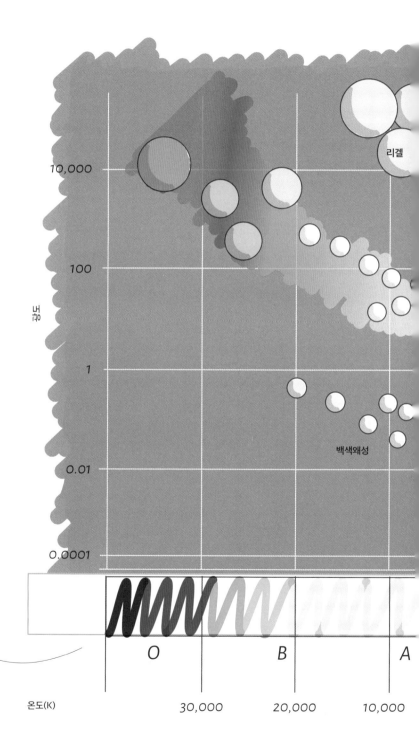

별은 크기, 색, 온도, 그리고 **광도**에 따라 분류가 달라집니다. 별의 광도는 밝기 또는 에너지를 나타내는 단위로 와트(W)를 씁니다. 태양의 광도는 4×10^{26}W입니다. 하지만 청색거성인 리겔의 광도는 태양의 약 12만 배입니다.

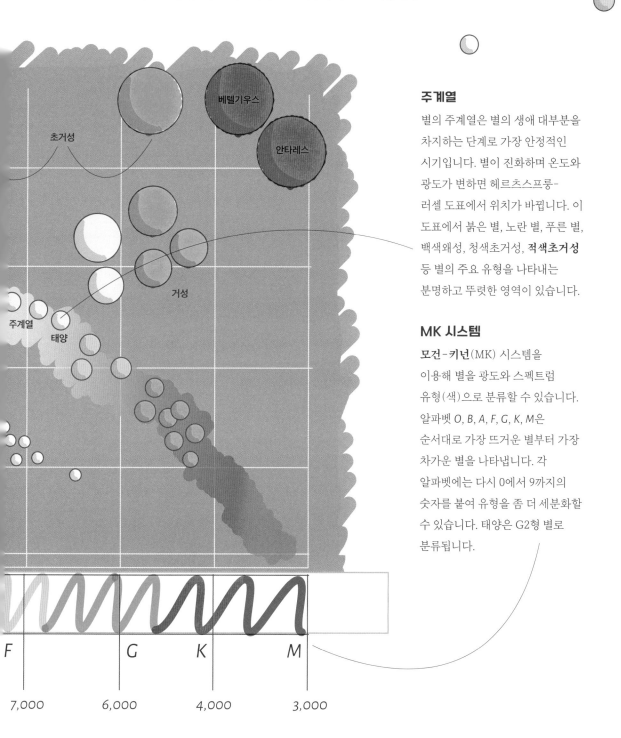

주계열

별의 주계열은 별의 생애 대부분을 차지하는 단계로 가장 안정적인 시기입니다. 별이 진화하며 온도와 광도가 변하면 헤르츠스프룽-러셀 도표에서 위치가 바뀝니다. 이 도표에서 붉은 별, 노란 별, 푸른 별, 백색왜성, 청색초거성, **적색초거성** 등 별의 주요 유형을 나타내는 분명하고 뚜렷한 영역이 있습니다.

MK 시스템

모건-키넌(MK) 시스템을 이용해 별을 광도와 스펙트럼 유형(색)으로 분류할 수 있습니다. 알파벳 O, B, A, F, G, K, M은 순서대로 가장 뜨거운 별부터 가장 차가운 별을 나타냅니다. 각 알파벳에는 다시 0에서 9까지의 숫자를 붙여 유형을 좀 더 세분화할 수 있습니다. 태양은 G2형 별로 분류됩니다.

역동적인 은하

흔히 우리은하를 은하수라고 부릅니다. 우리은하는 수천억 개의 별로 이루어진 상당히 큰 **나선은하**이며, 지름이 약 10만 광년이고 중심부의 두께는 약 1000광년입니다. 태양계는 우리은하의 나선팔 중 하나에 있으며, 중심에서 약 2만 6000광년 떨어져 있습니다.

은하

우주에는 수천억 개의 은하가 있습니다. 각각의 은하에는 크기에 따라 수천억 개의 별이 있지요. 은하는 빅뱅 이후 2억~25억 년 뒤에 생겨나기 시작했습니다. 가스가 서로 뭉칠 수 있을 정도로 식자 밀도가 커지며 최초의 별 무리를 만들었지요.

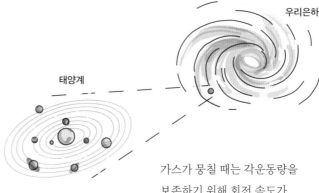

가스가 뭉칠 때는 각운동량을 보존하기 위해 회전 속도가 빨라집니다. 그리고 은하는 원반 같은 나선 구조를 드러냅니다. 나선은하의 중심을 도는 별의 속력은 시속 80만 km가 넘습니다.

아주 멀리 있는 오래된 은하는 보통 타원 모습으로, 나선팔 구조가 없습니다. 아마도 우주 초기에 은하가 서로 충돌하면서 회전력을 잃고 **타원은하**가 되었을 겁니다.

은하의 형태

모든 은하의 중심에는 거대 블랙홀이 있을 것으로 추측하고 있습니다. 이 블랙홀은 은하의 탄생과 동역학, 서로 다른 유형으로 진화하는 과정에 중요한 역할을 했을지도 모릅니다. 은하의 형태는 여러 종류가 있으며, 뚜렷한 유형으로 분류할 수 있습니다.

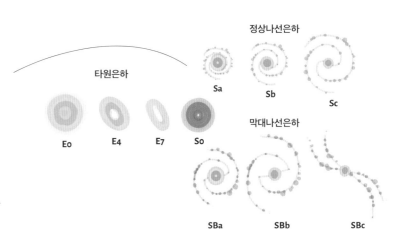

회전 속도

은하의 회전 속도는 처음 생길 때의 동역학이
남긴 흔적입니다. 피겨스케이팅 선수가
팔을 몸 쪽으로 끌어당길(60쪽을 보세요)
때 회전이 빨라지는 것처럼 은하가 될 가스
덩어리 역시 수축하며 더 빨리 회전합니다.

은하 내부의 중력에 의한 힘은 은하를 붙잡아
놓지만, **회전하는 힘**은 은하를 산산이
조각내려 합니다. 회전하는 놀이기구를
탄 아이가 꼭 붙잡고 있지 않으면 밖으로
날아가려는 것과 같습니다. 태양은 은하
중심을 약 초속 240km의 속도로 돌고
있습니다. 태양이 그리는 원 안에 있는
은하의 질량이 태양이 날아가지 않도록
붙잡고 있습니다.

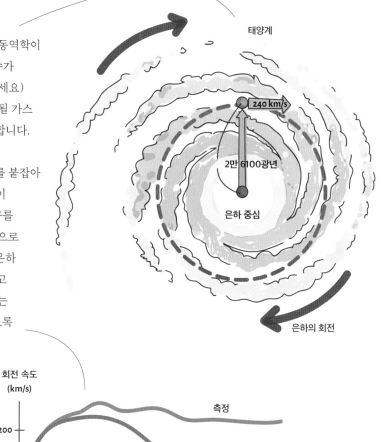

태양계

240 km/s

2만 6100광년

은하 중심

은하의 회전

회전 속도
(km/s)

예측보다 빠르다

200

100

측정

예측

50,000

100,000

중심으로부터의 거리(광년)

암흑물질

천문학자는 은하의 밝기를 이용해 은하의 총 질량을 추정합니다.
이 관측 결과를 바탕으로 은하에 별이 몇 개나 있는지 추측하지요.
우리은하에 있는 별의 수는 중력으로 은하가 조각나지 않도록
붙잡기에는 한참 부족합니다. 은하의 반지름을 따라 별의 회전 속도를
예측해보면 실제 관측한 속도보다 훨씬 더 작습니다. 특히 은하
중심에서 멀리 떨어진 곳일수록 더 그렇습니다.

여기서 의문이 떠오릅니다. 은하를 붙잡아 놓고 있는 건 무엇일까?
여러 가지 가능성이 있지만, 우리가 볼 수 없는 **암흑물질**이 존재한다는
이론이 가장 널리 알려져 있습니다.

암흑물질 26.8%

원자 4.9%

암흑에너지 68.3%

적색이동과 후퇴 속도

은하는 우주의 팽창에 따라 매우 빠른 속도로 움직이고 있습니다. 천문학자는 지상의 거대한 망원경으로
은하에서 나오는 빛을 관측해 지구에 대한 은하의 상대적인 속도를 측정할 수 있습니다.
빛을 각각의 파장으로 잘게 쪼개서 분석하는 것이지요. 이것을 **분광학**이라고 합니다.

팽창하는 우주

지구에서 관측할 때 대부분의 은하는 우리로부터 멀어지고 있습니다.
은하들끼리도 서로 멀어집니다. 1917년 아인슈타인은 방정식으로 우주의
팽창을 정확하게 예측했습니다. 하지만 우주가 팽창하고 있다는 분명한
증거가 없었기 때문에 자신은 그 결과를 믿지 않았습니다. 그래서 우주를
정적으로 만들기 위해 우주상수(Λ)를 만들어 실수를 '정정'했습니다. 훗날
아인슈타인은 이것을 자신의 '최대 실수'라고 말했습니다.

파장별 스펙트럼

세기 / 파장

오늘날 우리는 **적색이동**을 이용해
우주의 팽창과 은하의 후퇴 속도를
측정할 수 있습니다. 적색이동은
도플러 효과(113쪽을 보세요)와
비슷하며, 은하에서 나오는 빛의
파장이 길어지는 현상을 말합니다.

팽창 속도

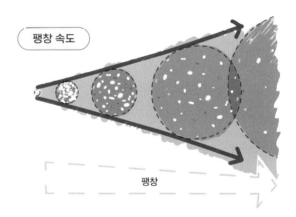

팽창

적색이동

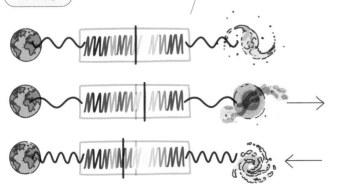

적색이동이라는 용어는 우리가
관측한 은하에서 나온 푸른 빛의
파장이 길어져 우리 눈에 붉게 보이는
현상에서 비롯했습니다. 관찰자
쪽으로 움직이는 은하는 청색이동
현상 때문에 푸른색으로 보입니다.
청색이동을 보이는 은하와 별은
우리 근처의 일부뿐입니다. 이 경우
국지적인 움직임이 지구를 향하고
있기 때문입니다.

후퇴 속도

우주가 팽창하면서 수많은 은하가 우리에게서 멀어지고 있다고 생각해 봅시다. 더 멀리 떨어져 있는 은하는 더 빨리 팽창하는 공간에 있을 테고 우리에게는 **후퇴 속도**, 즉 은하가 지구에서 멀어지는 속도가 더 커 보입니다. 은하가 더 멀수록 더 빠르게 후퇴합니다.

113쪽에서 보았듯이, 우리에게서 멀어지는 구급차의 경우와 비슷하게 지구에서 망원경으로 관측하는 빛의 진동수도 실제로 은하에서 나오는 것보다 더 작습니다. 파장은 더 길고요. 파장의 변화는 후퇴 속도에 비례합니다. 따라서 천문학자는 은하가 우리에게서 얼마나 빨리 멀어지고 있는지 계산할 수 있습니다.

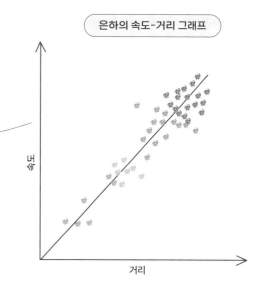

은하의 속도-거리 그래프

속도 / 거리

은하의 스펙트럼에는 우리가 이미 알고 있는 **방출선**과 **흡수선**처럼 다양한 기준점이 있습니다. 이런 선은 은하 내부의 가스에 있는 원소에 의해 생기며 쉽게 확인할 수 있습니다. 지구에서는 정확히 알고 있는 파장에 선이 나타나며, 이것을 **실험실 기준 프레임**이라고 부릅니다. 먼 은하에서 온 빛을 관측할 때는 이런 선이 적색이동되어 진동수가 작고 파장이 큰 다른 위치에 나타납니다. 이동이 얼마나 되었는지를 이용해 은하의 후퇴 속도를 알아낼 수 있습니다.

적색이동 비교

λ_0 / λ'

아주 먼 은하

먼 은하

가까운 은하

별

실험실 기준 프레임

400   500   600   700

파장(λ)

적색이동(z)은 이미 알고 있는 방출선 또는 흡수선의 파장 변화($\Delta\lambda$)를 측정한 뒤 방출되었을 때의 파장(λ)으로 나누어 구할 수 있습니다. 관계식은 다음과 같습니다.

$$z = \frac{\Delta\lambda}{\lambda}$$

적색이동(z)은 후퇴 속도(v)와 광속(c)의 비율과도 같습니다. 단, v가 c보다 훨씬 작을 때만이며, 관계식은 다음과 같습니다.

$$z = \frac{v}{c}$$

이 두 방정식을 이용하면 우리는 멀리 떨어진 은하의 속도를 상당히 정확하게 계산할 수 있습니다.

허블 상수

에드윈 파웰 허블Edwin Powell Hubble(1889~1953)은 아인슈타인과 동시대에 살았던 미국의 천문학자입니다. 허블은 우주가 빠른 속도로 우리에게서 멀어지고 있는 수천억 개의 외부 은하로 이루어져 있다는 사실을 확실히 입증한 인물로 인정받고 있습니다. 허블우주망원경(HST)이 하늘의 어두운 지역을 찍은 사진인 **허블 딥 필드**(HDF)는 이 사실을 확인해 주었습니다.

허블은 세심한 관측을 통해 외부 은하의 후퇴 속도(v)가 거리(d)에 비례한다는 사실도 알아냈습니다. 이것을 허블의 법칙이라고 하며, 다음 공식으로 나타낼 수 있습니다.

$$v = H_o d$$

여기서 H_o은 허블 상수입니다.

1메가파섹(Mpc) = 3.1×10^{22}km

그 뒤로 허블 상수의 값은 오랫동안 뜨거운 논의의 대상이 되었습니다. 50~100km/s/Mpc까지 의견이 분분했습니다.

쉽사리 결론이 나지 않았던 건 관측 데이터가 일관적이지 않았고 외부 은하의 거리를 알아낼 믿을 만한 방법이 없었기 때문입니다. 오늘날에는 더욱 정확한 데이터를 바탕으로 허블 상수가 71km/s/Mpc라는 사실이 널리 인정받고 있습니다.

적색이동과 후퇴 속도

허블 상수는 우주의 나이를 계산하는 데 쓰일 수 있습니다. 허블 상수 공식을 조정하면 다음과 같은 관계가 나옵니다.

$$\frac{d}{v} = \frac{1}{H_o}$$

거리 나누기 속도는 시간이므로 표준 거리 단위로 허블 상수의 단위를 환산하면, 이른바 허블 시간이 나옵니다. 이 시간은 약 140억 년입니다.

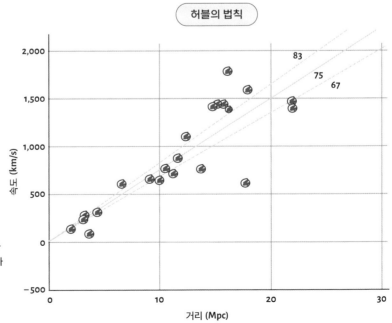

허블의 법칙

허블 상수의 단위는 은하의 거리가 1Mpc씩 멀어질 때마다 후퇴 속도가 71km/s만큼 커진다는 뜻이다.

퀘이사 찾기

지상의 망원경과 허블 우주망원경으로 찍은 고해상도 사진을 조합한 결과 초기 우주에서 이제껏 발견된 가장 밝은 **퀘이사**인 퀘이사 J043947.08+163415.7을 찾을 수 있었습니다.

퀘이사(준항성 천체)는 초거대 블랙홀로, 모든 전자기파 스펙트럼 영역에서 우리은하 전체의 1000배에 달하는 에너지를 내뿜고 있습니다.

허블의 눈으로 과거를 되돌아보자

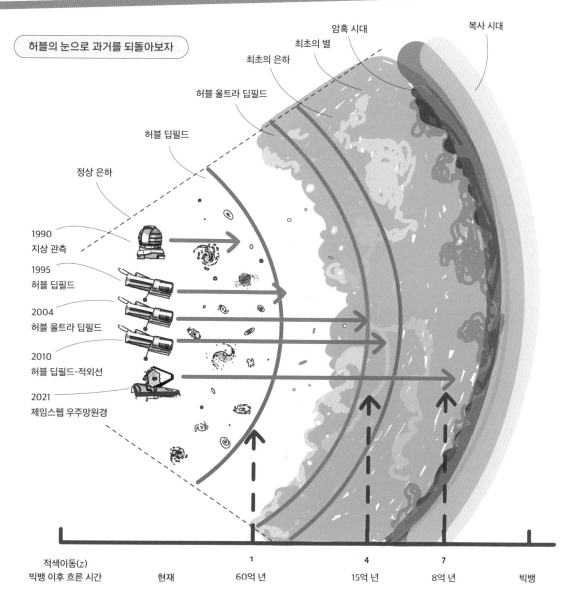

복사 시대

암흑 시대

최초의 별

최초의 은하

허블 울트라 딥필드

허블 딥필드

정상 은하

1990
지상 관측

1995
허블 딥필드

2004
허블 울트라 딥필드

2010
허블 딥필드-적외선

2021
제임스웹 우주망원경

적색이동(z)
빅뱅 이후 흐른 시간

현재

1
60억 년

4
15억 년

7
8억 년

빅뱅

우주의 시작

우주에는 시작이 있습니다. 천문학자들은 과거 어느 시점에 우리가 볼 수 있는, 그리고 우리가 볼 수 없는
질량 전체가 특이점이라고 하는 무한히 작고 밀도가 높은 한 점에 모여 있었다고 생각합니다.
질량이 무한한 이 점이 폭발하면서 우주가 존재하게 되었습니다.

빅뱅 이론

빅뱅은 사실 잘못 붙인 이름입니다.
빅뱅은 크기도 없고 소리도 나지
않았습니다. 크기는 무한히 작았고,
소리를 전달할 공기도 없었습니다.

천문학자들은 약 140억 년 전에
밀도가 무한한 특이점이 폭발하면서
우주가 태어났다고 생각합니다.

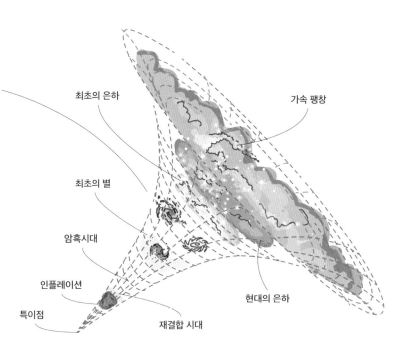

최초의 은하

가속 팽창

최초의 별

암흑시대

인플레이션

특이점

재결합 시대

현대의 은하

많은 증거가 이 이론을 뒷받침합니다. 지구에서 볼 수 있는 모든 은하는
우리에게서 멀어지고 있으며, 그 빛은 후퇴 속도에 따라 적색이동을
일으킵니다. 더 멀리 있는 은하일수록 더 빨리 후퇴합니다.

겉에 점이 많이 찍혀 있는 풍선을 생각해보세요. 각각의 점은 은하를
나타냅니다. 공기를 불어 넣으면 풍선이 팽창하면서 점과 점 사이가
멀어집니다. 이것이 팽창하는 우주의 모형입니다.

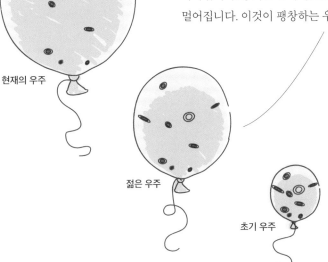

현재의 우주

젊은 우주

초기 우주

다른 점 또는 은하에서 보이는
모든 점 또는 은하는 거리에
비례하는 속도로 멀어집니다.
지구에서 관측한 은하도 이런
생각을 뒷받침합니다. 우주
전체는 팽창하고 있으며, 모든
은하는 평균적으로 지구에서
멀어지고 있습니다.

우주 마이크로파 배경

1964년 미국의 전파천문학자 **아노 펜지아스**Arno Penzias(1933~)와 **로버트 윌슨**Robert Wilson(1936~)은
우연히 빅뱅의 메아리를 발견하고, 이 업적으로 1978년 노벨 물리학상을 받았습니다. 두 사람은 하늘에서
오는 전파 신호를 조사하다가 꾸준히 나타나는 신호를 찾았습니다. 이상한 일이었습니다. 처음에는 비둘기 똥
때문에 생긴 잡음일 거라고 생각했습니다. 장비를 깨끗이 닦은 뒤 펜지아스와 윌슨은 그 신호가 진짜라는 사실을
깨달았습니다. 이후 하늘 전체에서 나오는 신호이며 강도가 거의 일정하다는 사실을 확인했습니다.

빅뱅의 메아리

이 마이크로파 신호는 우주 공간의 온도가 약 3K라는 사실과 일치하며, 빅뱅의
잔광이라고 할 수 있습니다. 진동수가 전자기 스펙트럼(94쪽과 96쪽을 보세요)에서
마이크로파에 해당하기 때문에 우주 마이크로파 배경(CMB)라는 이름이 붙었습니다.

빅뱅 직후의 온도와 에너지는
엄청났습니다. 이 시대에 나온
복사선은 우주가 팽창하면서
지금까지 파장이 늘어났습니다.
마이크로파 배경의 파장은 빅뱅
직후(약 40만 년 뒤)에 나온
매우 강한 에너지 복사가 허블
시간(178쪽을 보세요)인 약
140억 년 동안의 팽창 기간 동안
적색이동을 일으킨 것과 같습니다.

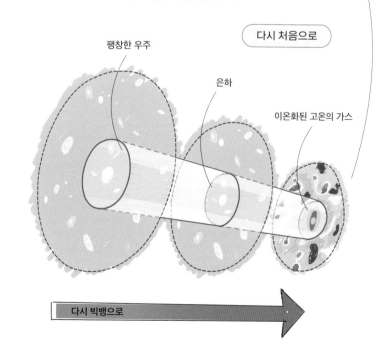

팽창한 우주

은하

이온화된 고온의 가스

다시 처음으로

다시 빅뱅으로

우주의 종말

관측 결과 우주가 팽창하고 있다는 사실은 분명합니다. 하지만 계속 팽창할지 점점 느려질지는 불확실합니다.
공중에 던지면 느려지다가 중력 때문에 결국 다시 땅으로 떨어지는 공처럼 우주도 자체 중력 때문에 팽창이 점점 느려질
수도 있습니다. '암흑 에너지'라는 수수께끼 같은 이름이 붙은 존재가 상황을 복잡하게 만들고 있는 것도 분명합니다.

임계 밀도

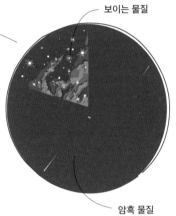

보이는 물질

암흑 물질

천문학자들은 우주의 평균 밀도를 놓고 서로 논쟁을 벌입니다. 우리가 볼
수 있는 별빛만으로는 우주에 존재하는 모든 것을 설명할 수 없습니다.

우주는 시커먼 종이와 같기 때문에 어두운 천체는 거의 볼 수 없습니다.
그래서 그 천체가 끼치는 영향으로 존재를 파악할 수밖에 없습니다.

우주의 궁극적인 운명을 결정하는 기준이 되는 특정한 밀도 값이 있습니다.
이것을 **임계 밀도**라고 합니다. 임계 밀도에 따라 우주는 무한히 가속
팽창하는 열린 우주가 되거나 팽창이 느려지다가 빅크런치로 붕괴하는
닫힌 우주가 됩니다.

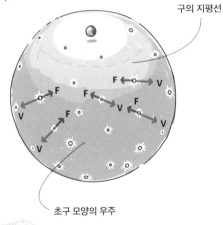

구의 지평선

초구 모양의 우주

열린 우주

평평한 우주

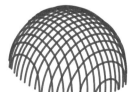

닫힌 우주

둥근 우주

만약 우주가 둥글다고
한다면(상대성이론 때문에 매우
오류가 많은 가정입니다), 우주의
밀도는 전체적으로 일정하다고
생각할 수 있습니다. 그리고 각각의
팽창하는 은하는 중력에 의해 운동
방향으로 힘을 받습니다. 이것을
다음과 같이 나타낼 수 있습니다.

$$Pc = \frac{3H_0}{8\pi G} \approx 1.5 \times 10^{-26} kg/m^3$$

여기서 H_0은 허블 상수입니다.

평평한 우주

기하학적으로 우주는 평평한 표면으로 보일 수 있습니다.
임계 밀도와 비교한 우주의 밀도에 따라 열린 우주, 평평한
우주, 닫힌 우주라는 세 가지 상태가 존재합니다.

우주의 운명

우주의 운명은 전적으로 임계 밀도에 달려 있습니다.

만약 너무 작으면 중력이 충분하지 않으므로 팽창을 늦추다가 거꾸로 뒤집을 수 없습니다. 은하는 영원히 계속 팽창하게 되겠지요. 궁극적으로 모든 은하의 모든 별이 연료를 다 소모하고, 차갑고 어두운 광대한 허공만 남습니다. 철학적으로, 이런 운명은 우주의 모든 것이 주기적으로 다시 태어난다는 섭리와는 어긋나는 것으로 보입니다.

만약 너무 크다면 우주의 팽창은 느려지다가 멈추고, 거꾸로 수축이 점점 빨라지다가 또 다른 특이점을 맞이하게 됩니다.

우주 전체가 특이점으로 수축한다는 생각이 썩 좋게 들리지는 않을 겁니다. 하지만 그건 또 다른 주기의 시작일 수도 있습니다.

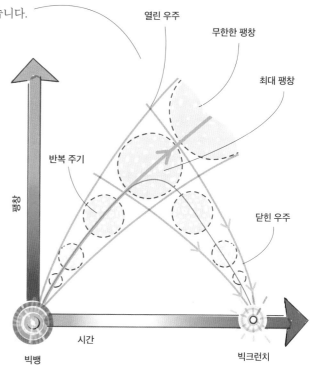

빅크런치

허블이 우주의 팽창을 발견했다는 사실을 알게 된 아인슈타인은 자신의 우주상수 값을 0으로 놓고 1932년 동료인 **빌렘 드 지터**와 함께 우주가 팽창과 수축, 즉 빅뱅과 **빅크런치**를 주기적으로 반복한다고 주장했습니다. 이것을 아인슈타인-지터 우주 모형이라고 합니다.

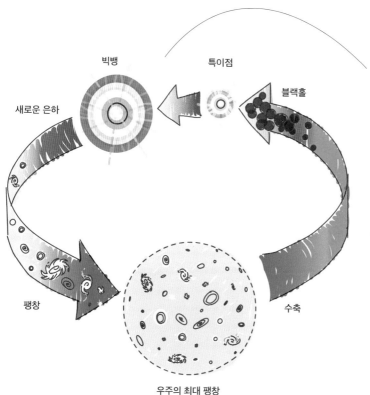

우주의 최대 팽창

중력렌즈와 중력파

일반 상대성이론은 공간과 시간을 연결했고, 이어서 3차원의 공간과 네 번째 차원인 시간을 엮어 시공간이라고 다시 이름을 붙였습니다. 이런 관점은 우리가 우주의 성질 그리고 중력, 빛, 시간의 상호작용을 이해하는 데 커다란 영향을 끼쳤습니다.

중력렌즈

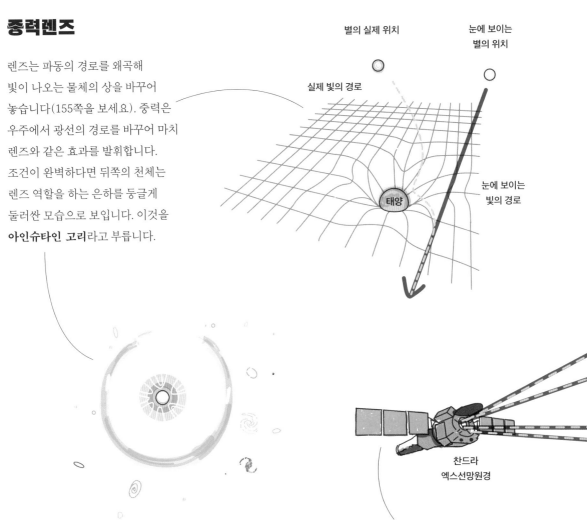

별의 실제 위치

눈에 보이는 별의 위치

실제 빛의 경로

눈에 보이는 빛의 경로

태양

찬드라 엑스선망원경

렌즈는 파동의 경로를 왜곡해 빛이 나오는 물체의 상을 바꾸어 놓습니다(155쪽을 보세요). 중력은 우주에서 광선의 경로를 바꾸어 마치 렌즈와 같은 효과를 발휘합니다. 조건이 완벽하다면 뒤쪽의 천체는 렌즈 역할을 하는 은하를 둥글게 둘러싼 모습으로 보입니다. 이것을 **아인슈타인 고리**라고 부릅니다.

태양 주위에서도 이 효과를 볼 수 있습니다. 멀리 떨어진 별에서 나온 빛이 태양을 스쳐 지나가면 휘어지며 방향이 바뀝니다. 아인슈타인은 이 효과를 예측했지만, 태양이 너무 밝아서 입증하기 어려웠습니다. 이후 개기일식(낮에 별을 볼 수 있는 유일한 시기)이 일어났을 때 태양에 가까운 별의 상대적인 위치를 기록했습니다. 그리고 빛이 태양 근처를 지나가지 않는 밤에 같은 별의 위치를 기록해서 비교한 결과 바뀌었음을 알 수 있었습니다.

거대한 은하 역시 빛을 휘게 만듭니다. NASA의 찬드라 엑스선망원경이 그런 현상을 관측했습니다. 한 천체가 동시에 여러 위치에서 보였던 것이지요.

종력파

중력파의 존재를 예측했던 것도 아인슈타인이었습니다. 아인슈타인의 일반 상대성이론에 따르면 중력파는 빛의 속도로 퍼져 나가는 시공간의 물결입니다. 중력파는 아주 무거운 두 천체(블랙홀처럼)가 상호작용하며 에너지를 잃을 때 발생해 시공간에 동요를 일으키며 퍼져 나갑니다.

존재를 예측한 건 1915년이었지만, 중력파를 확인하는 건 매우 어려웠습니다. 중력파는 엄청난 거리를 움직이며 약해져 있었으므로 지구를 지나가는 시공간의 동요를 확인할 수 있을 정도로 민감한 검출기가 없었습니다. 중력파가 지나가는 길에 있는 물체의 크기와 모양이 바뀌지만, 그 효과가 너무나 미미해서 검출하는 게 거의 불가능했습니다.

미국 캘리포니아주 패서디나에 있는 캘리포니아 공과대학의 라이고(LIGO) 프로젝트는 한 팔의 길이가 4km인 거대한 마이컬슨 간섭계를 이용합니다. 이 검출기는 크고 예민해서 2015년부터 여러 차례 중력파를 찾아낼 수 있었습니다.

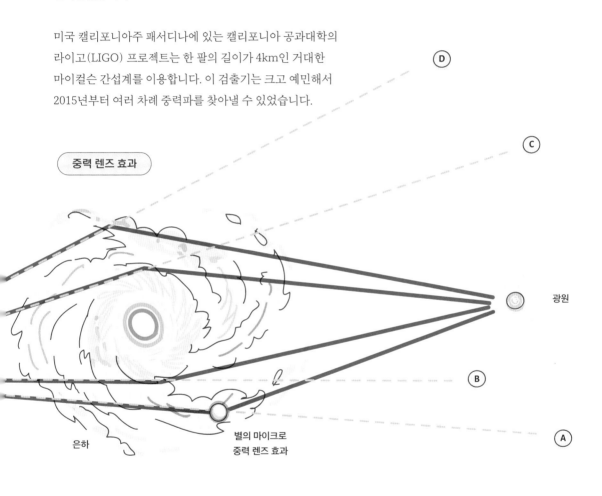

중력 렌즈 효과

광원

은하

별의 마이크로
중력 렌즈 효과

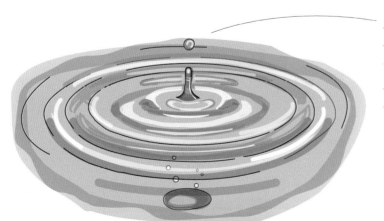

호수에 돌을 던진다고 생각해보세요. 돌이 떨어진 곳의 물결은 세지만, 바깥으로 퍼져 나가며 에너지가 흩어져 점점 작아집니다. 중력파도 마찬가지입니다.

블랙홀

신비롭고 기이한 천체인 블랙홀은 주변의 공간과 천체에 커다란 영향을 끼칩니다.
블랙홀은 초거성의 잔해에서 생겨나며, 대부분의 은하 중심에는 블랙홀이 있다고 추측하고 있습니다.
어쩌면 은하를 묶어놓는 힘을 제공하거나 은하가 생길 때 중심이 되었을지도 모릅니다.

블랙홀이란?

모든 질량은 중력장을 만들어 가까운 물체를 끌어당기고 근처의 공간을 왜곡합니다.
중력장이 강할수록 그런 효과는 더 커집니다.

지구에서 똑바로 머리 위로 공을 던진다고 생각해보세요. 만약 에너지가
충분하다면(충분한 속도), 공은 지구의 중력을 탈출해 그 영향에서 자유로워집니다.
이때의 속도를 탈출 속도라고 하며,
행성마다 다릅니다.

지구의 중력을 극복하는 데 필요한
에너지(지구의 중력 퍼텐셜
에너지)와 공의 운동에너지가
같다고 놓으면, 탈출 속도는 다음과
같은 관계식으로 구할 수 있습니다.

지구의 탈출
속도(11km/s)

$$V = \sqrt{\frac{2GM}{r}}$$

강착원반

사건의 지평선

여기서 G는 만유인력 상수이고,
M은 지구의 질량, r은 지구의
반지름입니다.

지구의 경우 탈출 속도는 약 초속
11km입니다. 만약 붕괴된 별처럼
훨씬 더 크고 밀집된 질량에서
탈출하는 데 필요한 속도가 빛의
속도(약 초속 30만km)보다 크다면,
빛이 탈출할 수 없어 새까맣게 보일
겁니다. 따라서 블랙홀이 됩니다.

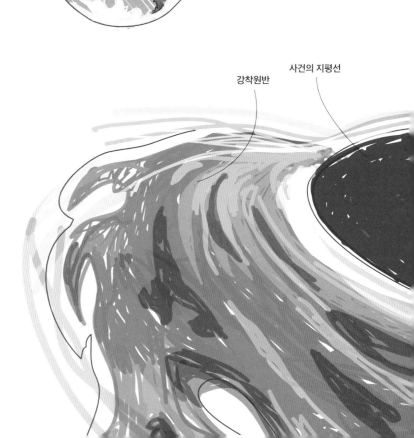

블랙홀은 어떻게 생겨날까

아주 무거운 별이 삶의 마지막 순간에 도달하면 화려한 초신성이 되어 폭발하고 더 이상 핵융합을 하지 않는 매우 뜨겁고 밀도가 높은 핵이 드러납니다.

태양 질량의 약 5배가 넘는 별의 핵은 완전한 중력 붕괴를 저지할 만큼 외부를 향한 압력이 충분하지 않습니다. 그 결과 중심부의 남은 질량은 탈출 속도가 광속을 넘어설 때까지 계속 수축합니다. 그렇게 해서 블랙홀이 탄생합니다.

질량이 M인 별에서 이런 현상이 일어나는 반지름을 **슈바르츠실트 반지름**이라고 합니다. 독일의 물리학자 카를 슈바르츠실트의 이름을 딴 것으로, 다음 공식으로 나타냅니다.

$$R_{sch} = \frac{2GM}{c^2}$$

여기서 G는 만유인력 상수이며, M은 별의 중심핵 질량, 그리고 c는 광속입니다.

태양 질량과 같은 블랙홀의 경우 반지름은 3.2km에 살짝 못 미칩니다.

블랙홀의 구조

모든 별은 회전하고 있다고 보아야 합니다. 따라서 별이 붕괴할 때 각운동량 보존(4장을 보세요) 법칙에 따라 회전 속도는 더 커집니다. 반지름이 슈바르츠실트 반지름에 도달하면 빛은 더 이상 만들어진 구의 표면에서 빠져나올 수 없습니다. 이 표면이 **사건의 지평선**입니다. 이 빠르게 회전하는 표면 안에서는 물리법칙을 예측할 수 없게 되며, 그 안의 모든 정보는 우주에서 사라집니다. 정보가 가라앉는 중심에는 밀도가 무한하고 부피가 0인 점인 **특이점**이 있습니다. 사건의 지평선 밖에서는 매우 빠르게 흐르는 입자가 회전축을 따라 가속하면서 **상대론적 제트**를 만들어냅니다.

블랙홀은 이중성에서도 생길 수 있습니다. 심지어 각각의 별이 블랙홀이 되기에는 충분히 무겁지 않다 해도요. 더 무거운 쪽이 동반성의 대기를 빨아들이며 블랙홀이 될 수 있습니다. 블랙홀로 빨려 들어가는 물질은 매우 뜨겁게 달구어져 엑스선의 형태로 막대한 에너지를 방출합니다.

상대론적 제트

특이점

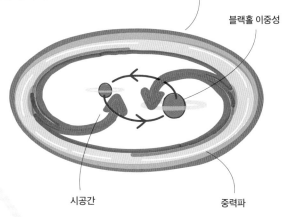

블랙홀 이중성

시공간

중력파

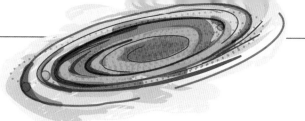

✓ 다시 보기

작은 별(태양 질량의
10배 이하)은 적색거성을
거쳐 백색왜성이 된다.

작은 별

거대한 별

커다란 별(태양 질량의 10배
이상)은 붕괴하면 초신성이 되어
중성자성이나 블랙홀이 된다.

헤르츠스프룽-러셀 도표

별을 온도와 밝기에 따라
시각적으로 분류해 놓은 표

성운

별이 태어나는 거대한
먼지와 가스 구름

별의 진화

천체물리학

중력 렌즈

광선의 경로를 바꾸어
천체가 다른 곳에 있는
것처럼 보이게 한다.

우주의 운명을 결정할 수 있는
특정 밀도

임계 밀도

중력파

무거운 천체가 상호작용할 때 생기는
시공간의 물결

우주의 종말

팽창

우주가 무한히 팽창하고,
별이 죽는다.

블랙홀

거대한 별이 붕괴하고 압축되어
생긴 천체로 빛조차 탈출할 수 없다.

빅크런치

우주가 특이점으로 수축하고,
다시 주기가 시작된다.

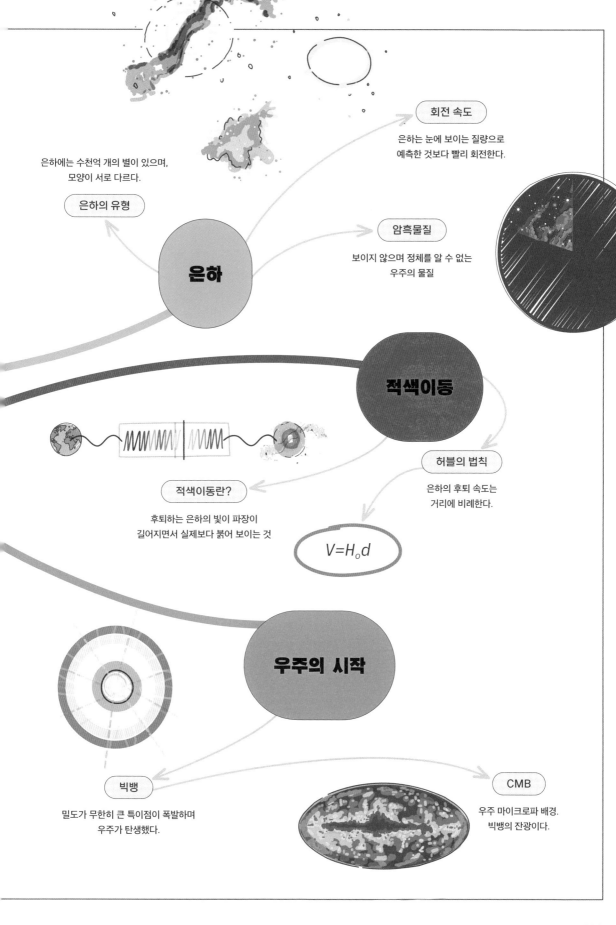

회전 속도

은하는 눈에 보이는 질량으로
예측한 것보다 빨리 회전한다.

은하에는 수천억 개의 별이 있으며,
모양이 서로 다르다.

은하의 유형

암흑물질

보이지 않으며 정체를 알 수 없는
우주의 물질

은하

적색이동

허블의 법칙

은하의 후퇴 속도는
거리에 비례한다.

적색이동란?

후퇴하는 은하의 빛이 파장이
길어지면서 실제보다 붉어 보이는 것

$V=H_o d$

우주의 시작

빅뱅

밀도가 무한히 큰 특이점이 폭발하며
우주가 탄생했다.

CMB

우주 마이크로파 배경.
빅뱅의 잔광이다.

커트 베이커 Kurt Baker

카디프대학교에서 천체물리학을
공부하고 브리스톨대학교에서 박사
학위를 받았으며, NASA 저널에
여러 편의 논문을 기고했다. 수십 년
동안 학생들에게 물리학을 가르치며
물리에 관한 다양한 책을 저술했다.

고호관

서울대학교 과학사 및 과학철학 협동 과정에서
과학사로 석사를 마치고 《동아사이언스》에서
과학 기자로 일했다. SF와 과학 분야의 글을
쓰거나 번역한다. 지은 책으로 SF 앤솔러지
『아직은 끝이 아니야』(공저)와 『우주로 가는 문,
달』『술술 읽는 물리 소설책 1~2』『누가 수학 좀
대신 해 줬으면!』 등이 있으며, 『하늘은 무섭지
않아』로 제2회 한낙원과학소설상을 받았다.
옮긴 책으로 『수학자가 알려주는 전염의 원리』
『인류의 운명을 바꾼 약의 탐험가들』『뻔하지만
뻔하지 않은 과학지식 101』『인류를 식량
위기에서 구할 음식의 모험가들』 등이 있다.

태어난 김에 물리 공부

한번 보면 결코 잊을 수 없는 필수 물리 개념

펴낸날 초판 1쇄 2024년 6월 14일

초판 5쇄 2024년 11월 18일

지은이 커트 베이커

옮긴이 고호관

펴낸이 이주애, 홍영완

편집장 최혜리

편집2팀 박효주, 홍은비, 이정미

편집 양혜영, 문주영, 장종철, 한수정, 김하영, 강민우, 김혜원, 이소연

디자인 박소현, 김주연, 기조숙, 윤소정, 박정원

마케팅 정혜인, 김태윤, 김민준

홍보 김철, 김준영, 백지혜

해외기획 정미현

경영지원 박소현

펴낸곳 (주)윌북 **출판등록** 제2006-000017호

주소 10881 경기도 파주시 광인사길 217

홈페이지 willbookspub.com **전화** 031-955-3777 **팩스** 031-955-3778

블로그 blog.naver.com/willbooks **포스트** post.naver.com/willbooks

트위터 @onwillbooks **인스타그램** @willbooks_pub

ISBN 979-11-5581-722-3 (04400)

979-11-5581-721-6 (세트)

physics